高等学校计算机科学与技术应用型教材

汇编语言程序设计简明教程

主　编　赵　梅　杨永生　夏　娟
副主编　郭新宇

北京邮电大学出版社
www.buptpress.com

内 容 简 介

本书以 80X86 系列微处理器为背景,系统介绍了汇编语言程序设计的基础知识和程序设计的基本方法。全书内容共 7 章。可以分为三部分:第 1 章为第一部分,是汇编语言程序设计的基础部分,介绍了数在计算机中的表示、计算机的基本结构和 80X86 寄存器组。第 2 章~第 5 章为第二部分,是本书的核心部分,详细介绍 80X86 的基本指令和汇编语言程序设计的基本方法和技巧。第 6 章、第 7 章为第三部分,分别介绍了中断程序设计、BIOS 和 DOS 中断以及汇编语言和高级语言的混合编程等内容。

全书内容简明,每章后面配有大量的习题和参考答案,有选择题、判断题、填空题、简答题、编程题及程序分析等多种题型,是集教材与习题集于一体的适合学生学习与应试的教材。

图书在版编目(CIP)数据

汇编语言程序设计简明教程/赵梅等主编 . --北京:北京邮电大学出版社,2012.11(2021.1 重印)
ISBN 978-7-5635-3256-8

Ⅰ. ①汇… Ⅱ. ①赵… Ⅲ. ①汇编语言—程序设计—教材 Ⅳ. ①TP313

中国版本图书馆 CIP 数据核字(2012)第 258538 号

书　　名:汇编语言程序设计简明教程
主　　编:赵　梅　杨永生　夏　娟
责任编辑:王丹丹
出版发行:北京邮电大学出版社
社　　址:北京市海淀区西土城路 10 号(邮编:100876)
发 行 部:电话:010-62282185　传真:010-62283578
E-mail:publish@bupt.edu.cn
经　　销:各地新华书店
印　　厂:保定市中画美凯印刷有限公司
开　　本:787 mm×1 092 mm　1/16
印　　张:12.25
字　　数:288 千字
版　　次:2012 年 11 月第 1 版　2021 年 1 月第 3 次印刷

ISBN 978-7-5635-3256-8　　　　　　　　　　　　　　定　价:26.00 元

· 如有印装质量问题,请与北京邮电大学出版社发行部联系 ·

前　言

　　汇编语言程序设计是计算机科学与技术等专业的必修课程。近几年人们经常认为汇编语言的应用范围很小，而忽视它的重要性。其实汇编语言对每一个希望学习计算机科学与技术的人来说都是非常重要的，是不能不学习的语言。通过学习和使用汇编语言，能够感知、体会、理解机器的逻辑功能，向上可以理解各种软件系统，向下能够感知硬件，是我们理解整个计算机系统的最佳起点和最有效途径。然而，"汇编语言程序设计"课程在应用型本科院校的学时数却在逐年减少。在这种情况下我们编写了《汇编语言程序设计简明教程》和《汇编语言程序设计案例式实验指导》两本教材，目的是使学生能在短时内掌握汇编语言程序设计的基本方法和技巧。

　　本书是在多年教学积累的基础上，精心编写而成的，是为计算机及相关专业本、专科的"汇编语言程序设计"课程而编写的，它也特别适合于用做计算机工作者学习汇编语言程序设计的自学教材。在书中每章后面配有大量的习题和参考答案，有选择题、判断题、填空题、简答题、编程及程序分析题等多种题型，是集教材与习题集于一体的适合学生学习，同时也适合学生复习应试的教材。

　　本书以 80X86 系列微处理器为背景，系统介绍了汇编语言程序设计的基础知识和程序设计的基本方法。全书内容共 7 章。可以分为三部分：第 1 章为第一部分，是汇编语言程序设计的基础部分，介绍了数在计算机中的表示、计算机的基本结构和 80X86 寄存器组。第 2 章～第 5 章为第二部分，是本书的核心部分，详细介绍 80X86 的基本指令和汇编语言程序设计的基本方法和技巧。第 6 章、第 7 章为第三部分，分别介绍了中断程序设计、BIOS 和 DOS 中断以及汇编语言和高级语言的混合编程等内容。

　　本书特点是力求简明实用，介绍的都是最基本的，并由"汇编语言程序设计案例式实验指导教材"来配套，进行程序设计能力的培养，围绕着程序设计的需要学习相应的知识点，做到"学一点、用一点、巩固一点"，不断进行程序设计训练的过程。出于本书的基本思想，没有对庞大的 80X86 指令系统做全面的介绍，而是选择了 8086 的 16 位指令自然扩展得到的 32 位指令，这些指令完全能够满足培养在校学生汇编语言程序设计能力的需要。

　　本书由赵梅、杨永生、夏娟任主编，郭新宇任副主编。书中的全部程序都经过了调试和运行。书中如有错误和不当之处，欢迎读者批评指正。

编　者

目　录

第1章　汇编语言基础知识

汇编语言是一种面向机器的"低级"语言,是电子数字计算机的基础语言,通过学习和使用汇编语言,能够感知、体会、理解机器的逻辑功能,向上可以理解各种软件系统,向下能够感知硬件,是我们理解整个计算机系统的最佳起点和最有效途径。

本章主要介绍学习汇编语言必备的基础知识,包括计算机内部数据的表示和计算机的逻辑结构。

1.1　计算机内部数据的表示

现代计算机可以处理各种各样的信息,如数值数据、文字、声音、图形等。这些信息在计算机内部都是用一组二进制代码来表示的,统称为数据。本节重点介绍计算机如何利用0/1表示现实中的各种数值、字符等内容。

1.1.1　数制

按进位的方法进行计数,称为进位计数制,简称数制。数制可以有很多种,如二进制、十进制、十二进制、十六进制、八进制等。人们每天都在使用着十进制数;但是由于物理器件的原因计算机内部采用二进制数,人们要与计算机交流,就需要了解不同进制之间的相互转换。下面介绍数制的基数与权。

一个 R 进制的数 N_R 可表示为

$$N_R = \sum_{i=-m}^{n-1} a_i R^i$$

式中,n 和 m 分别为 N_R 小数点左边和右边的数据位数;a_i 和 R^i 分别是 N_R 第 i 位的数符和位权,R 称为进位计数制的基数,即该数制中允许使用的数符个数。在 R 进制中允许使用的数符有 R 个,计算原则是"逢 R 进一,借一为 R"。

十进制数(decimal system)有 0、1、2、3、4、5、6、7、8、9 十个数符,因此十进制数的基数为"10"。十进制数各位的权是以 10 为底的指数幂。如 45892d(d 是十进制数的说明符,可以省略不写;也可以用大写字母 D 表示):

4	5	8	9	2
10^4	10^3	10^2	10^1	10^0
万	千	百	十	个

其各位的权从低到高为个、十、百、千、万,即以 10 为底的 0 次幂、1 次幂、2 次幂、3 次幂、4 次幂等。

二进制数(binary system)有 0、1 两个数符,因此二进制数的基数为"2",二进制数各位的权是以 2 为底的指数幂。如 1011b(b 是二进制数的说明符):

$$\begin{matrix} 1 & 0 & 1 & 1 \\ 2^3 & 2^2 & 2^1 & 2^0 \\ 8 & 4 & 2 & 1 \end{matrix}$$

其各位的权从低到高是 1、2、4、8,即以 2 为底的 0 次幂、1 次幂、2 次幂、3 次幂等

十六进制数(hexadecimal system)有 0、1、2、3、4、5、6、7、8、9、a、b、c、d、e、f 十六个数符,因此十六进制数的基数为"16",十六进制数各位的权是以 16 为底的指数幂,如 8a9ch(h 是十六进制数说明符):

$$\begin{matrix} 8 & A & 9 & C \\ 16^3 & 16^2 & 16^1 & 16^0 \\ 4096 & 256 & 16 & 1 \end{matrix}$$

其各位的权从低到高是 1、16、256、4096,即以 16 为底的 0 次幂、1 次幂、2 次幂、3 次幂等。

为了区别数的不同进制,常用两种标记方法。第一种是加下标,即在数的右下角加上表示该数进制的数字,如 $(12)_8$、$(10110)_2$、$(58AD)_{16}$ 和 $(123)_{10}$ 等;第二种方法是加后缀,即在数后面加上表示该数进制的英文字母,如 12q、10110b、58adh 和 123d 等(q 表示八进制,b 表示二进制,h 表示十六进制,d 表示十进制)。十进制数后的标记常常省略,为了统一,在书中我们都采用第二种标记方法。

1.1.2 数制的转换方法

在日常生活中人们习惯了用十进制数,在研究问题或探讨问题的过程时,总是用十进制数来考虑和书写。当需要用计算机来处理这些数据时,首先就要把数据转换成计算机能够"看得懂"的形式,即把问题中的所有十进制数转换成二进制代码。在计算机运算完毕后,要将二进制数的结果转换成十进制数输出,以利于人的理解和使用习惯。

虽然在计算机中采用二进制数进行各种运算和操作有许多优点,但书写冗长,读起来麻烦,不便记忆。为此,人们在书写程序和算式时常采用十六进制。因此,计算机中常常需要进行不同进制之间的相互转换。

1. 非十进制数转换成十进制数的方法

非十进制数转换成十进制数的方法是"按权展开求和"。

【例 1.1】 将数 123h、101101b 转换成十进制数。

123h$=1\times16^2+2\times16^1+3\times16^0=291$

$101101b = 1 \times 2^5 + 0 \times 2^4 + 1 \times 2^3 + 1 \times 2^2 + 0 \times 2^1 + 1 \times 2^0 = 32 + 0 + 8 + 4 + 0 + 1 = 45$

2. 十进制数转换成非十进制数

十进制数转换成非十进制数需要把整数小数分开进行。

（1）整数部分的转换方法

用十进制数除以基数取余数，一直除到商为 0 为止，先得到的余数是低位，后得到的余数是高位，简称为"除基取余法"。

【例 1.2】 将 57 转换成二进制数和十六进制数。

转换成二进制数时，将十进制数整数除以二进制数的基数 2。转换成十六进制数时，将十进制数整数除以十六进制数的基数 16。

即 $57 = 111001b = 39h$。

（2）小数部分的转换方法

用十进制数乘以基数取整数，先得到的整数是高位，后得到的整数是低位。一直乘到需要保留的小数位数，简称为"乘基取整法"。

【例 1.3】 将 0.628 转换成二进制数和十六进制数，小数点后保留 4 位。

转换成二进制数时，将十进制小数乘以二进制数的基数 2。转换十六进制数时，将十进制小数乘以十六进制数的基数 16。

整数部分		整数部分	
$0.628 \times 2 = 1.256$	1	$0.628 \times 16 = 10.048$	a
$0.256 \times 2 = 0.512$	0	$0.048 \times 16 = 0.768$	0
$0.512 \times 2 = 1.024$	1	$0.768 \times 16 = 12.288$	c
$0.024 \times 2 = 0.048$	0	$0.288 \times 16 = 4.608$	4

即 $0.628 = 0.1010b = 0.a0c4h$。

【例 1.4】 将 57.628 转换成二进制数和十六进制数。

将例 1.2 和例 1.3 的结果合并，即

$$57.628 = 111001.1010b = 39.a0c4h$$

3. 十六进制数和二进制数之间的转换

由于十六进制数的基数是 2 的整数幂，所以这两种数制之间的转换十分容易。一个二进制数，整数部分只要把它从低位到高位每 4 位组成一组，不够 4 位高位补 0；小数部分从高位到低位每 4 位组成一组，不够 4 位低位补 0，直接用十六进制数来表示就可以了。

【例 1.5】 将二进制数 11010110111111.11b 转换为十六进制数。

$$00\ 11 \quad 01\ 01 \quad 10\ 11 \quad 11\ 11\ .1100b$$
$$3 \qquad 5 \qquad b \qquad f\ .c\ h$$

即 0011010110111111b＝35bfh。

反之，把十六进制数中的每一位用 4 位二进制数表示，就转换成相应的二进制数了。

【例 1.6】 将十六进制数 a19ch 转换为二进制数。

$$a \qquad 1 \qquad 9 \qquad c \qquad h$$
$$1010 \quad 0001 \quad 1001 \quad 1100 \qquad b$$

即 a19ch＝1010000110011100b。

显然，为把一个十进制数转换为二进制数，可以先把该数转换为十六进制数，然后再转换为二进制数，这样可以减少计算次数。反之，要把一个二进制数转换为十进制数，也可以采用同样的方法。

十进制数、二进制数及十六进制数之间的相互转换方法可归纳为图 1-1。

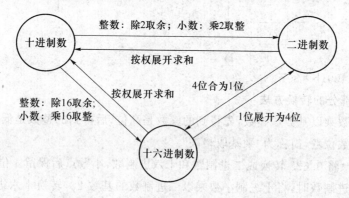

图 1-1　十进制数、二进制数及十六进制数之间的相互转换方法

1.1.3　数据组织

计算机内的信息按一定的规则组织存放。

1. 位(bit)

二进制数的一位包含的信息称为一比特(bit)，是表示信息的最小单位，用小写字母"b"表示。1 个二进制位可以表示一个开关的状态(称为开关量)，例如，用"1"表示"接通"，用"0"表示"断开"。

大多数的数据无法用一位二进制数表示，不能从计算机内单独取出 1b 的信息处理。

2. 字节(byte)

字节(byte)是计算机内信息读写、处理的基本单位，由 8 位二进制数组成，用大写字母"B"表示。1 个字节可以表示 $256(2^8)$ 个不同的值，可以用来存放一个范围较小的整数、一个西文字符或者 8 个开关量。

一个字节内的 8 个"位"自右(低位)向左(高位)从 0 开始编号，依次为 $b_0, b_1, \cdots, b_7$，如图 1-2(a)所示。其中，b_0 称为最低有效位(Least Significant Bit，LSB)，b_7 称为最高有

效位(Most Significant Bit,MSB)。

3. 字(word)和双字(double word)

1 个字(word)由 16 位二进制(2 个字节)组成,可以存放一个范围较大的整数或者一个汉字的编码。它的 16 个二进制位仍然自右(低位)向左(高位)从 0 开始编号,依次为 $b_0,b_1,\cdots,b_{15}$,如图 1-2(b)所示。其中,$b_0 \sim b_7$ 称为低位字节,$b_8 \sim b_{15}$ 称为高位字节。

1 个双字(double word)由 32 位二进制(4 个字节)组成,可以存放一个范围更大的整数或者一个浮点格式表示的单精度实数。它的 32 个二进制位中,$b_0 \sim b_7,b_8 \sim b_{15},b_{16} \sim b_{23}$,$b_{24} \sim b_{31}$,分别称为低位字节、次低位字节、次高位字节、高位字节,如图 1-2(c)所示。

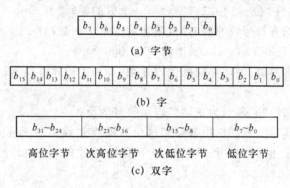

图 1-2　数据组织

1.1.4　无符号数的表示

所谓无符号数是正数和零的集合。存储一个正数或零时,所有的位都用来存放这个数各位数字,无须考虑它的符号,"无符号数"因此得名。

可以用字节、字、双字或者更多的字节存储和表示一个无符号数。

用 N 位二进制表示一个无符号数时,最小数是 0,最大数是 2^N-1(二进制数 111…111)。一个字节、字、双字无符号数的表示范围分别是 0~255、0~65 535、0~4 294 967 295。

一个无符号数需要增加它的位数时,只需要在它的左侧添加若干个"0",称为零扩展。例如,用一个字存储 8 位无符号数 1011 0011 时,低位字节置入这个无符号数,高位字节填"0",结果为 0000 0000 1011 0011(插入空格是为了阅读和区分,书写时没有这个要求)。

两个 N 位无符号数相加时,如果最高位产生了"进位",表示它们的和已经超过了 N 位二进制所能表示的范围,需要向高位进位。同样,两个 N 位无符号数相减,如果最高位产生了借位,表示数据"不够减",需要向更高位借位。

计算机内用进位标志(Carry out Flag,CF)表示两个无符号数运行结果的特征。如果 CF=1,表示它们的加法有进位,或者它们的减法有借位;CF=0,则没有产生进位或借位。

1.1.5　有符号数的表示

可以用字节、字、双字或者更多字节来存储和表示一个有符号数。

表示一个有符号数有多种不同的方法，如原码、反码、补码表示法。同一个有符号数在不同的表示法中可能有不同的形式。

1. 原码

表示有符号数最简单的方法是采用原码。用原码表述一个有符号数时，最左边一位（最高有效位）二进制表示这个数的符号，"0"代表正，"1"代表负，后面是它的"有效数字"。例如，用字节存储一个有符号数时，$[-3]_原=10000011$。为了和计算机内的数据组织协调，通常用 8 位、16 位、32 位二进制表示一个数的原码。

用一个字节存储有符号数原码时，可以表示 127 个正数（1～127）、127 个负数（-1～-127）和 2 个"0"，"正 0"：0 000 0000，"负 0"：1 000 0000。

原码的表示规则简单，但运算规则比较复杂，不利于计算机高速运算的实现。

2. 反码

反码仍然用最高位"0"表示为正，"1"表示符号为负。

符号位之后的其他二进制用来存储这个数的有效数字。正数的有效数字不变，负数的有效数字取反。例如，用字节存储一个有符号数时，$[+11011]_反=0\ 001\ 1011$，$[-11011]_反=1\ 110\ 0100$。

对于正数 $X=d_{n-2}d_{n-3}\cdots d_2d_1d_0$，$[X]_反=X=0d_{n-2}d_{n-3}\cdots d_2d_1d_0$。

对于一位二进制，$\bar{b}=1-b$。所以，对于负数 $Y=-d_{n-2}d_{n-3}\cdots d_2d_1d_0$，$[Y]_反=1\ \overline{d_{n-2}d_{n-3}\cdots d_2d_1d_0}=11\cdots111-|Y|=2^n-1-|Y|=2^n-1+Y$。

用一个字节存储有符号数反码时，可以表示 127 个正数（1～127），127 个负数（-1～-127）和 2 个"0"，"正 0"：0 000 0000，"负 0"：1 111 1111。

反码的运算规则仍然比较复杂，可以用作原码和常用的补码之间的一个过渡。

3. 补码

补码表示法仍然用最高有效位表示一个有符号数的符号，"1"表示负，"0"表示正。

符号位之后的其他二进制位用来存储这个数的有效数字。正数的有效数字不变，负数的有效数字取反后最低位加 1。用字节存储一个有符号数时，$[+11011]_补=[+001\ 1011]_补=0\ 001\ 1011$，$[-11011]_补=[-001\ 1011]_补=1110\ 0100+1=1\ 110\ 0101$。

对于正数 $X=d_{n-2}d_{n-3}\cdots d_2d_1d_0$，$[X]_补=X=0d_{n-2}d_{n-3}\cdots\cdots d_2d_1d_0$。

对于负数 $Y=-d_{n-2}d_{n-3}\cdots d_2d_1d_0$，$[Y]_补=1\ \overline{d_{n-2}d_{n-3}\cdots\cdots d_2d_1d_0}+1=1111\cdots111-|Y|+1=2^n-|Y|=2^n+Y$。表 1-1 列出了用 8 位二进制代码表示的部分数值的原码、反码和补码。

表 1-1　部分数据的 8 位原码、反码和补码

真值（十进制）	二进制表示	原码	反码	补码
+127	+111 111	0111 111	0111 111	0111 111
+1	+000 0001	0000 0001	0000 0001	0000 0001
+0	+000 0000	0000 0000	0000 0000	0000 0000

续表

−0	−000 0000	0000 0000	1111 1111	0000 0000
−1	−000 0001	0000 0001	1111 1110	1111 1111
−2	−000 0010	0000 0010	1111 1101	1111 1110
−127	−111 1111	0111 1111	1000 0000	1000 0001
−128	−100 0000	无	无	1000 0000

用一个字节存储有符号数补码时,可以表示 127 个正数(1～127),128 个负数(−1～−128),1 个"0"(0000 0000)。其中,$[-1]_补=1\ 111\ 1111$,$[-128]_补=1\ 000\ 0000$。

如果把一个数补码的所有位(包括符号位)"取反加 1",将得到这个数相反数的补码。称为"求补",$[[X]_补]_{求补}=[-X]_补$。例如,$[5]_补=0000\ 0101$,$[[5]_补]_{求补}=[0000\ 0101]_{求补}=1111\ 1011=[-5]_补$。

已知一个负数的补码,求这个数自身时,可以先求出这个数相反数的补码。例如,已知$[X]_补=1\ 010\ 1110$,求 X 的值(真值)可以遵循以下步骤:

$$[-X]_补=[[X]_补]_{求补}=[1\ 010\ 1110]_{求补}=0\ 101\ 0001+1=0\ 101\ 0010$$

于是, $$-X=+101\ 0010b=+82d$$

即 $$X=-82$$

4. 补码的扩展

一个补码表示的有符号数需要增加它的位数时,对于正数,需要在它的左侧添加若干个"0",对于负数,则需要在它的左侧添加若干个"1"。上述操作实质上是用它的符号位来填充增加的"高位",称为"符号扩展"。例如,$[-5]_补=1\ 111\ 1011(8\ 位)=1\ 111\ 1111\ 1111\ 1011(16\ 位)$,$[+5]_补=0\ 000\ 0101(8\ 位)=0\ 000\ 0000\ 0000\ 0101(16\ 位)$。

5. 补码的运算

补码的运算遵循以下规则:

$$[X+Y]_补=[X]_补+[Y]_补$$
$$[X-Y]_补=[X]_补-[Y]_补$$

或者 $$[X-Y]_补=[X]_补+[-Y]_补=[X]_补+[[Y]_补]_{求补}$$

例如:

$$[15+27]_补=[15]_补+[27]_补=0000\ 1111+0001\ 1011$$
$$=0010\ 1010=[42]_补$$
$$[15-27]_补=[15]_补-[27]_补=0000\ 1111-0001\ 1011$$
$$=1111\ 0100=[-12]_补(舍去借位)$$

进行补码加法时,最高位如果有进位/借位,将其自然抛弃,不会影响结果的正确性。例如,$[(-3)+(-5)]_补=[-3]_补+[-5]_补=1111\ 1101+1111\ 1011=1111\ 1000=[-8]_补$。

计算机内用溢出标志(Overflow Flag,OF)表示 2 个有符号数运算结果特征。如果补码表示的有符号数的运算结果超过了该数据的表示范围,称为溢出,OF=1,反之 OF=0,则没有产生溢出。

我们可以用下面的方法来进行判断。

两个同符号数相加,结果符号与原来相反,则产生了溢出。异号数相加不会产生溢出。

两个异号数相减,结果符号与被减数符号位不同,则产生了溢出。同符号数相减不会产生溢出。

从上面的叙述可以看出,补码的运算规则具有突出的优点:

(1) 同号数和异号数相加使用相同的规则;

(2) 有符号数和无符号数加法使用相同的规则;

(3) 减法可以用加法实现(对于电子计算机内的开关电路,求补是十分容易实现的)。

上述特性可以用来简化运算器电路,简化指令系统(如果有符号数和无符号数的运算规则不同,则两者运算需使用不同指令,用不同的电路来实现)。由于这个原因计算机内的有符号数一般都用补码表示,除非特别说明。

1.1.6　字符编码

计算机处理的对象除了数值数据之外,还有大量的文字信息。文字信息以字符为基本单元,每个字符用若干位二进制表示。

计算机内常用的字符编码是美国信息交换标准编码(American Standard Code for Information Interchange,ASCII)。它规定 7 位二进制表示一个字母、数字或符号,包含 128 个不同的编码。由于计算机用 8 位二进制组成的字节作为基本存储单位,一个字符的 ASCII 码一般占用一个字节,低 7 位是它的 ASCII 码,最高位置"0",或者用作"校验位"。

ASCII 编码的前 32 个(编码 00～1fh)用来表示控制字符,例如 CR("回车",编码为 0dh),LF("换行",编码 0ah)。

ASCII 编码 30h～39h 用来表示数字字符 0 ～9。它们的高 3 位为 011,低 4 位就是这个数字字符对应的二进制表示。例如:5=011 0101=35h。

ASCII 编码 41h～5ah 用来表示大写字母 A ～Z。它们的高 2 位为 10。

ASCII 编码 61h～7ah 用来表示小写字母 a～z。它们的高 2 位为 11。小写字母的编码比对应的大写字母大 20h。例如:A=41h,a=61h,a－A=61h－41h=20h。

1.1.7　BCD 码

十进制小数和二进制小数相互转换时可能产生误差,这对于某些应用会带来不便。计算机内部允许用一组 4 位二进制来表述 1 位十进制数,组间仍然按照"逢十进一"的规则进行,这种用二进制表示十进制数编码称为 BCD(Binary Coded Decimal)码。BCD 码分以下两种。

1. 压缩的 BCD 码

压缩的 BCD 码用一个字节存储 2 位十进制数,高 4 位二进制表示高位十进制数,低 4 位二进制表示低位十进制数。例如[25]$_{压缩BCD}$=0010 0101b。需要使用压缩 BCD 数时,可以用相同数字的十六进制数表述。

2. 非压缩的 BCD 码

非压缩 BCD 码用一个字节存储 1 位十进制数,低 4 位二进制表示该位十进制数,对高 4 位的内容不作规定。例如,数字字符 7 的 ASCII 码 37h 就是数 7 的非压缩 BCD 码。

从上面的叙述可以看出,计算机内的一组二进制编码和它们的"原型"之间存在着"一对多"的关系。如有符号数 +65 的补码、无符号数 65、大写字母"A"的 ASCII 码在计算机内的表示都是 41h,它甚至还可以是十进制数 41d 的压缩 BCD 码。所以,面对计算机内的一组二进制编码,它究竟代表什么? 知道它的其实就是汇编语言的程序员。

1.2 计算机的基本结构

使用汇编语言进行程序设计时,不仅需要考虑求解问题的过程或者算法,安排数据在计算机内的存储格式,同时还要根据实际需求对计算机内的资源进行调度和分配。因此,作为一名汇编语言程序员,必须了解计算机的基本结构,了解有哪些可供使用的资源,以及不同资源在使用上的区别。不同的计算机具有不同的结构,本节主要结合 80X86 系列微型计算机来介绍程序员需要掌握的计算机"逻辑结构"。

1.2.1 计算机组成

迄今为止,电子计算机的基本结构仍然属于冯·诺依曼体系结构。这种结构的特点可以概要归结如下。

1. 存储程序原理

把程序事先存储在计算机内部,计算机通过执行程序实现高速数据处理。

2. 五大功能模块

电子数字计算机由运算器、控制器、存储器、输入设备、输出设备组成。

图 1-3 列出了各功能模块在系统中的位置,以及和其他模块的相互作用,图中实线表示数据/指令代码的流动,虚线表示控制信号的流动。各模块的功能简述如下。

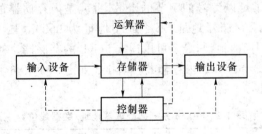

图 1-3 计算机的基本组成

(1) 存储器:存储程序和数据。

(2) 运算器:执行算术、逻辑运算。

(3) 控制器:分析和执行指令,向其他功能模块发出控制命令,协调一致地完成指令规定的操作。

(4) 输入设备:接收外界输入,送入计算机。

(5) 输出设备:将计算机内部的信息向外部输出。

计算机的控制器、运算器、存储器通常集中在一个机箱内,称为主机。输入/输出设备位于"主机"的外部,称为外部设备或外围设备。

1.2.2 中央处理器

现代微型计算机把控制器、运算器、寄存器和高速缓冲存储器集成在一块集成电路上,称为中央处理器(Central Process Unit, CPU)或微处理器(Micro Process Unit, MPU)。1978 年,Intel 公司研制生产了著名的 16 位微处理器 Intel 8086,此后又陆续生产了与它兼容的若干微处理器,统称为 80X86 微处理器。

所谓寄存器,是由电子线路构成的一个电子器件,可以用来储存若干位二进制。寄存器位于 CPU 内部,寄存器读写速度很快,花费的时间通常不到使用内存储器读/写时间的十分之一。寄存器可以存储运算过程的中间结果,节省反复访问内存储器的时间开销。

高速缓冲存储器(Cache)是一块容量较小,但速度较快的存储器。把将要执行的程序指令和将要使用的数据提前取到 CPU 的内部,加速程序的执行。大多数情况下,汇编语言程序员不需要与 Cache 打交道,感觉不到 Cache 的存在,频繁打交道的是各种寄存器。

1.2.3 存储器

存储器用于存储程序和数据,是计算机的重要部件。存储器属于计算机主机的一部分,为了和磁盘存储器等外部存储器加以区分,也称为内存储器或者主存储器。

1. 存储器物理组织

80X86 微机内存储器以"字节"为基本单位,称为存储单元。这就意味着,从存储器"读出"或"写入"的指令或数据的位数必须是 8 位的整数倍,正如本书第 1.1.3 小结所描述的,字节、字或双字。

为了能够区别存储器内的各个字节,每个字节用一组二进制数进行编号,称为地址(address)。地址常用十六进制格式书写。假设地址 20300h 的单元存放了数据 34h,通常可以写作(20300h)=34h。

可以把地址理解为一个无符号数,数值较大的地址称为高端地址,反之称为低端地址。地址的位数决定了可以编号的字节的个数,也就是内存储器的大小,或者容量。例如,用 16 位二进制表示存储器地址,那么最小地址为 0000h,最大地址为 0ffffh,共有 65 536($64K=2^{16}$)个不同的地址,最多可以连接 64KB 的存储器。8086CPU 有 20 位地址线,可以连接最多 $1MB=2^{20}B$ 的内存储器。表 1-2 列出了 80X86 系列 CPU 的地址线位数和可寻址的内存容量。

表 1-2 80X86 系列微处理器地址/数据线位数

CPU	处理器位数	数据总线位数	地址总线位数	最多寻址空间
8088	16	8	20	1MB
8086	16	16	20	1MB
80286	16	16	24	16MB
80386/80486	32	32	32	4GB
Pentium	32	64	32	4GB
PentiumII/P_3/P_4	32	64	36	64GB

常用的存储器容量单位有：

1KB（千字节）＝2^{10}B＝1 024B

1MB（兆字节）＝2^{10}KB

1GB（吉字节）＝2^{10}MB

1TB（太字节）＝2^{10}GB

2．存储器操作

内存储器的基本操作有以下两种。

（1）读操作：从某个存储单元取出事先存储的程序指令或数据。执行该操作时，应该告诉内存储器需要读出的存储单元的地址，并且用一个信号说明操作的"种类"，这个信号称作读命令。读操作不改变原存储单元的内容。例如，从 20300h 单元读出它的内容"34h"之后，该单元的内容仍然是"34h"。

（2）写操作：把一个数据存入指定的存储单元。执行该操作时，应该告诉内存储器需要写入的存储单元的地址，发出称作写命令的信号，同时还要给出"写入"的内容。写操作之后，该存储单元原来的内容被新的内容所"覆盖"。例如，向 20300h 单元写入 11h 之后，该单元内容变成 11h，原来的数据 34h 被覆盖。

一次存储器的读操作或写操作统称为对存储器的一次访问（access）。

3．存储器内的数据组织

一项数据可能占用连续的多个存储单元。80X86CPU 规定，高位的数据存入地址较大的存储单元，用多个存储单元中的最小地址来表示该数据所在单元的地址。例如，"双字"数据 12345678H 存储在地址为 23000h～23003h 的 4 个连续的内存单元，每个存储单元存储这个数据的一部分（8 位），顺序为：78h、56h、34h、12h。用 23000h 作为这个"双字"数据的存储单元地址。

8086CPU 可以一次读出/写入 2B（字节）的数据，80386 以上的 CPU 可以一次读出/写入 4B 的数据。也就是说，向存储器发出一个地址信号之后，可以进行 1B/2B/4B 数据的读或写操作。

存储器是按"字节单元"编址的。每一个"字节单元"都有一个对应的地址。"字"单元是指连续两个单元，用相对小地址表示"字单元"的地址。以图 1-4 为例，向存储器发出地址 23000h，"读命令"后，如果访问的是"字节单元"，那么读出的内容是 78h；如果访问的是"字单元"，那么读出的内容是 5678h，如果这个地址是"双字单元"，那么读出的内容是 12345678h。

地址	数据
	⋮
23000H	78H
23001H	56H
23002H	34H
23003H	12H
	⋮

图 1-4 双字数据的存储

4. 存储器分段结构

为了满足多任务操作环境以及多媒体数据的需要,现代微型计算机内存储器的容量变得越来越大,对应的地址位也越来越多。把这样的地址写在指令里,指令的代码会变得很长。另外,一个程序使用的存储器往往是有限的,通常它访问的是小范围内的一个存储空间。为了方便对所使用数据的访问,方便程序在内存储器中的"浮动定位(程序在内存储器中存放的位置是可变的)",便于隔离各个任务使用的存储空间,80X86采用分段的方法管理和使用存储器。

段(Segment)是指内存中的一片区域,用来存放某一种类型的信息。例如,用一片存储区存放某程序所使用的数据,该存储区称为数据段。类似地,还有存放程序代码的代码段,存放程序运行时临时信息的堆栈段等。

采用分段结构之后,内存单元的地址由两部分组成,其表示形式为 xxxx:xxxx(所在段的起始地址:该单元在这个段内的相对地址)。段内相对地址也称为"偏移地址",一般从 0 开始编码。段的起始地址是这个段的所有单元公用的,相对固定,一般情况下无须写在指令内。这样,访问一个内存单元只需要给出它的偏移地址就可以了,指令得到了简化。

这里先介绍 8086 CPU 的分段方法。8086CPU 有 20 位地址线,每个段 20 位起始地址的高 16 位称为段基址,存放在专门的段寄存器内。例如,把数据段的段基址存放在数据段寄存器 DS 中,访问数据时,自动从 DS 中取出段基址。

每个段的偏移地址用 16 位二进制表示。这样,每个段最多可以有 2^{16} B=64KB。

用"段基址:偏移地址"表示的地址称为逻辑地址。它是程序员在汇编语言程序中使用的地址。访问存储器的 20 位地址称为物理地址。访问存储单元时,由计算机硬件把逻辑地址转换为物理地址。方法是:在"段基址"尾部添加 4 个 0(相当于乘上 16),得到"段起始地址",再加上偏移地址,就得到了它对应的物理地址。也就是:

$$物理地址 = 段基址 \times 16 + 偏移地址$$

每个逻辑地址对应一个唯一的物理地址,但是一个物理地址可以对应多个"逻辑地址"。例如,逻辑地址 2340h:1234h 对应于物理地址 23400h+1234h=24634h。物理地址 24634h 可以同时和 2463h:0004h、2460h:0034h、2400h:0634h 等"逻辑地址"相对应。

使用一个段之前应该把这个段的"段基址"装入对应的"段寄存器"。8086 CPU 有 4 个段寄存器,因此允许同时使用 4 个"段":数据段、代码段、堆栈段、附加段(另一个数据段)。使用的段超过 4 个时,需要在使用之前修改"段寄存器"的内容。

1.3　指令、程序和程序设计语言

计算机之所以能在没有人直接干预的情况下,自动地完成各种信息处理任务,是因为人们事先为它编制了各种工作程序,计算机的工作过程就是执行程序的过程。

本节将对指令、程序、程序设计语言的概念进一步的阐述。

1.3.1　指令和程序

指令是对计算机硬件发出的操作命令。指令系统则是某台计算机所有指令的集合。

有两种类型的指令:机器指令和符号指令。

机器指令由若干位二进制组成,包含操作种类(操作码)和操作对象(操作数)两部分。机器指令可以由 CPU 直接执行。

符号指令就是用助记符、寄存器名、变量名等记录/书写的指令,它们与机器指令具有一一对应的关系,两种指令的区别在于,机器指令可以由 CPU 直接执行,而符号指令需要翻译成机器指令才能执行。把符号指令翻译成机器指令是用程序自动完成的,这个程序称为汇编程序。

程序是指令的有序集合(根据需要编排出的操作顺序)。一般情况下,程序内的指令总是按照书写的顺序执行的。

1.3.2　机器语言、汇编语言和高级语言

所谓语言可以定义为表达信息的规范。人类社会存在着多种不同的语言,由不同的人群使用。人与计算机之间存在着信息的交流,也需要通过某种语言实现。机器语言用机器指令书写程序,用二进制代码表达数据,是计算机能够识别、执行的唯一语言。

但是,用机器语言编制程序存在着许多困难,机器指令格式难以记忆,很容易出错,一旦出错,改错也十分困难。以 8086 机器指令为例,完成两个数相加(1234h＋5678h)的程序,用十六进制书写的机器语言程序为:

```
0b8h   34h   12h
05h    78h   56h
```

这样的"指令"没有注解很难读懂,于是人们就自然想到用指令助记符来书写指令,用符号指令书写程序的规范称为汇编语言。使用汇编语言后,上面的程序重写为:

```
mov  ax,1234h
add  ax,5678h
```

这种表达方式显然比上面十六进制书写的程序容易编写、阅读和维护。但这样的程序需要用汇编程序把它翻译成机器指令书写的程序才能由计算机运行。机器语言和汇编语言都是面向机器的语言,都属于低级语言。这样的程序一般只能在同一系列 CPU 的计算机上运行。

为了提高程序开发效率,增加程序的可读性和可维护性,人们开发了接近自然语言、接近数学表达方式的高级语言,如流行的 C、Visual C＋＋、Visual Basic、Java 等。使用高级语言,程序员可以不关心计算机的内部结构,着重于问题的算法,程序开发的速度得到很大的提高。

高级语言的语句与计算机指令之间没有一对一的对应关系,需要经过复杂的翻译过程(称为编译)转换为机器语言程序。当然,使用者也无须了解这个过程的细节。

1.4　80X86 寄存器

寄存器是位于 CPU 内部的寄存器件,可以存储运算的中间结果、内存储器地址或数据、CPU 的状态等信息。16 位 80X86 处理器的寄存器基本长度是 16 位,可以分拆后作为 8 位寄存器使用。32 位 80X86 处理器的寄存器基本长度是 32 位,可以分拆后作为 8

位、16 位寄存器使用。

1.4.1　数据寄存器

16 位 80X86 处理器有 4 个 16 位的通用数据寄存器。它们的主要用处是存放数据，有时候也可以存放地址，如图 1-5 所示。

15	8 7	0	
ah	al		ax
bh	bl		bx
ch	cl		cx
dh	dl		dx

图 1-5　16 位 80X86 微处理器数据寄存器

ax：累加器，是最常用的数据寄存器，有些指令规定必须使用它。

bx：基址寄存器，除了存放数据，它经常存放一片内存的首地址——"基址"。

cx：计数寄存器，除了存放数据，经常用来存放重复操作的次数——"计数器"。

dx：数据寄存器，除了存放数据，它有时存放 32 位数据的高 16 位，有时存放端口地址。

这 4 个数据寄存器都可以拆分为 2 个 8 位寄存器使用，分别命名为 ah、al、bh、bl、ch、cl、dh、dl。

32 位 80X86 处理器的 4 个通用数据寄存器扩展为 32 位，更名为 eax、ebx、ecx 和 edx。仍然可以使用原来的 16 位和 8 位寄存器如图 1-6 所示，但是，这些寄存器的高 16 位不能单独使用。

	31	16	15	8 7	0	
eax			ah	al		ax
ebx			bh	bl		bx
ecx			ch	cl		cx
edx			dh	dl		dx

图 1-6　32 位 80X86 微处理器数据寄存器

1.4.2　地址寄存器

16 位 80X86 处理器有 4 个 16 位的通用地址寄存器。它们主要用处是存放数据的偏移地址，也可以存放数据，如图 1-7 所示。

sp：堆栈指针寄存器，这是一个"专用"的寄存器，存放堆栈"栈顶"的偏移地址。

bp：基址指针寄存器，常用来存放堆栈中数据的偏移地址。

si：源变址寄存器，存放源数据区的偏移地址。所谓变址寄存器，是指它存放的地址可以按照要求在使用之后自动地增加或减少。

di：目的变址寄存器，存放"目的"数据区的偏移地址。

32 位 80X86 处理器的地址寄存器也扩展为 32 位，命名为：esp、ebp、esi、edi。

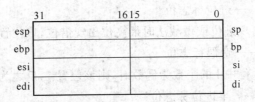

图 1-7 32 位 80X86 处理器的地址寄存器

1.4.3 段寄存器

16 位 80X86 处理器有 4 个 16 位的段寄存器,分别是 cs、ds、ss、es。它们用来存放 4 个段基址,如图 1-8 所示。

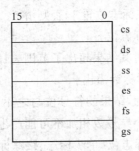

图 1-8 32 位 80X86 处理器的段寄存器

cs:代码段寄存器(Code Segment Register),存放当前正在执行的程序段的段基址。

ds:数据段寄存器(Data Segment Register),存放当前正在使用的数据段的段基址。

ss:堆栈段寄存器(Stack Segment Register),存放堆栈段的段基址。

es:附加段寄存器(Extend Segment Register),存放另一个数据段的段基址。

32 位 80X86 处理器仍然使用 16 位的段寄存器,但是它们存放的内容发生了变化(见 1.5.2 节),此外,32 位 80X86 处理器还增加了 2 个段寄存器 fs 和 gs,它们的作用与 es 类似。

1.4.4 专用寄存器

16 位 80X86 处理器有 2 个 16 位的专用寄存器,命名为 IP 和 FR(图 1-9)。

15			11	10	9	8	7	6	5	4	3	2	1	0
			OF	DF	IF	TF	SF	ZF		AF		PF		CF

图 1-9 80X86 处理器的标志(FR)寄存器

IP 寄存器称为指令指针寄存器(Instriction Pointer Register,IP),存放下一条即将执行的指令的偏移地址。

FR 称为标志寄存器(Flag Register),用来存放微处理器的两类标志。状态标志和控制标志,状态标志反映处理器当前的状态,如有无溢出,有无进位等。控制标志用来控制处理的工作方式,如是否响应可屏蔽中断等。

16 位 80X86 处理器的状态标志有 6 个、控制标志有 3 个。具体含义如下:

(1) 状态标志 CF——进位标志位

做加法时最高位出现进位或做减法时最高位出现借位,该位置 1,反之为 0。

(2) 状态标志 PF——奇偶标志位

当运算结果的低 8 位中 1 的个数为偶数时,则该位置 1,反之为 0。

(3) 状态标志 AF——半进位标志位

做字节加法时,低四位有向高四位的进位,或在做减法时,低四位有向高四位的借位,该标志位就置 1。通常用于对 BCD 算术运算结果的调整。

(4) 状态标志 ZF——零标志位

运算结果为 0 时,该标志位置 1,否则清 0。

(5) 状态标志 SF——符号标志位

当运算结果的最高位为 1,该标志位置 1,否则清 0。即与运算结果的最高位相同。

(6) 状态标志 OF——溢出标志位

所谓溢出是指:当字节运算时其结果超出了范围 $-128 \sim +127$,或者当字运算时结果超出了范围 $-32768 \sim +32767$ 时称为溢出。

其判断方法是:同符号数相加,结果的符号位与之不同(符号位发生了变化)时,该标志位置 1,即溢出;否则清 0。两个异号数相加不可能产生溢出。

(7) 控制标志 TF——陷阱标志位(单步标志、跟踪标志)

当该位置 1 时,将使 8086/8088 进入单步工作方式,通常用于程序的调试。

(8) 控制标志 IF——中断允许标志位

若该位置 1,则处理器可以响应可屏蔽中断,否则就不能响应可屏蔽中断。

(9) 控制标志 DF——方向标志位

若该位置 1,则串操作指令的地址修改为自动减量方向,反之,为自动增量方向。

1.4.5 其他寄存器

32 位 80X86 微处理器新增加了 5 个 32 位的控制寄存器,命名为 cr0~cr4。cr0 寄存器的 pe=1 表示目前系统运行在"保护模式",pg=1 表示允许进行分页操作。cr3 寄存器存放"页目录表"的基地址。

此外,还有 8 个用于调试的寄存器 dr0~dr7,2 个用于测试的寄存器 tr6 和 tr7。还有用于保护模式的其他地址寄存器。

1.5 80X86 CPU 的工作模式

8086/8088 微处理器只有一种工作模式:实地址模式。32 位的 80X86 微处理器有 3 种工作模式:实地址模式、保护模式和虚拟 8086 模式。

1.5.1 实地址模式

对于 8086/8088 微处理器,实模式是它唯一工作方式。对于 80386 以上微处理器,实模式主要用于兼容 8086/8088。MS DOS 操作系统运行在实模式下，Windows 操作系统运行在保护模式下。

实模式的工作特点可以归纳如下：

（1）只使用低 20 位地址线，地址范围 0000h～0fffffh，使用 1MB 的内存储器。

（2）eip、esp、efr 寄存器高 16 位为 0，用 cs:ip 作为指令指针，用 ss:sp 作为堆栈指针。

（3）段寄存器内存放段起始地址的高 16 位，偏移地址为 16 位，用"段基址×16＋偏移地址"的方法计算物理地址，允许使用 32 位寄存器存放地址，但地址的高 16 位为 0。

（4）32 位处理器工作在实模式时，允许使用 32 位寄存器存放数据，使用 32 位指令进行 32 位数据运算。

80386 以上微处理器加电启动时，自动进入实地址模式。进行必要的准备之后，通过将 cr0 寄存器 pe 位置 1，可以进入保护模式。

1.5.2 保护模式

保护模式是 32 位微处理器的主要工作模式。所谓"保护"是指用硬件对每个任务使用的内存空间进行保护，阻止其他任务的非法访问。"保护"功能是运行多任务操作系统的必备条件之一。

1. 保护模式下的寻址方式

保护模式下采用与实模式不同的寻址方式。

保护模式下采用分段管理和分页管理相结合的内存寻址方式。首先，逻辑地址通过分段管理机构转换为 32 位的线性地址，然后，32 位线性地址通过分页管理机构转换为 32 位/36 位的物理地址。两次转换都是由硬件控制完成的。

保护模式下，逻辑地址仍然采用"段:偏移地址"的形式。但是，16 位段寄存器内存放的不再是 20 位段起始地址的高 16 位，而是这个段的一个编号，称为"段选择符（Segment Selector）"。使用这个"段选择符"查找"段描述符表（Segment Descriptor Table）"，得到这个段的 32 位起始地址，加上 32 位的偏移地址，得到这个存储单元的 32 位"线性地址"。

查表计算得到的线性地址还不能直接用于访问这个存储单元。保护模式下使用虚拟存储的管理方法。所有的存储器以 4KB 为单位划分成页（page）。分配给各任务的页数超过实际存在的内存页数时，一部分暂时未使用的页转存到硬盘上。也就是说，分配给用户/任务的存储器可能并不真正存在于物理存储器中，虚拟存储器因此得名。

线性地址被划分成页号和页内地址两部分，根据页号查找一张页表，得到这个页在内存真实的起始地址，加上页内地址，得到该存储单元的物理地址。如果通过查表发现该页还在硬盘中，则还要首先启用换页机制，把这个页调入内存。

2. 保护模式下的专用寄存器

为了进行三级地址之间的转换，内存中有两类重要的表格:段描述符表和页表。

段描述符表由若干个段描述符组成，每个段描述符记录一个段的相关信息，如这个段的起始地址、段的长度、段的属性等。段描述符表有 3 种类型:全局段描述符表（Global Descriptor Table，GDT）、局部段描述符表（Local Descriptor Table，LDT）和中断描述符表（Interrupt Descriptor Table，IDT）。全局段描述符表在整个计算机内只有一张，存放操作系统使用的各种段的信息。每个任务都有一张局部段描述符表,这张表本身也构成一个段,它的段信息存放在全局段描述符表中。

48 位的全局描述符表寄存器(GDTR)的高 32 位存放"全局描述符表"的首地址(线性地址),低 16 位的局部描述符表寄存器(LDTR)存放当前任务的"局部描述符表"的"段选择符"。

中断描述符表记录中断服务程序的位置信息。它的段信息记录在 48 位的中断描述符表寄存器(IDTR)中。

两种类型的"页表":"页目录表"和"页表"。"页目录表"在内存的物理地址存放在 cr3 中。各"页表"的首地址存放在"页目录表"中。

3. 保护模式工作特点

保护模式的主要特点可以归纳如下。

(1) 具有 4 个特权级:0,1,2,3。其中 0 级具有最高的特权,可以执行所有指令,建立和维护各种表格,管理整个系统,供操作系统进程使用。3 级最低,3 级任务只能访问操作系统分配给它的内存区间,不能执行"特权指令",访问 I/O 设备的权限也受到限制。

(2) 采用虚拟存储管理,启用分段和分页机制。允许关闭分页机制,如果分页机制被关闭,这时的线性地址就是物理地址。

(3) 段内偏移地址 32 位,每个段最大 2^{32} B=4GB,每个程序最多可以使用 16K 个段,理论上的虚拟地址空间为 4GB×16K=64TB。

(4) 采用 32 位地址寄存器,如 ebx、esi、eip、esp 等。

1.5.3　虚拟 8086 模式

虚拟 8086 模式是保护模式下某一个任务所使用的局部模式。也就是说,处理器工作在保护模式时,有的任务工作在虚拟 8086 模式下,有的工作在保护模式下。保护模式下,将 eflags 寄存器 vm 位置 1,该任务就进入虚拟 8086 模式。32 位 80X86 处理器给每个以虚拟 8086 模式运行的任务创造了一个与真实的 8086 处理器十分相似的运行环境,以便运行 DOS 程序。

虚拟 8086 模式的主要特点如下:

(1) 采用与实模式相同的分段模式,段寄存器内存放 16 位"段基址",它左移 4 位后与 16 位偏移地址相加,得到 20 位地址。寻址 1MB 字节的地址范围。

(2) 采用分页机制,分段产生的 20 位地址属于线性地址,需要通过分页机制转换为 32 位物理地址。也就是说,分段产生的 20 位地址仍然是虚拟地址。

(3) 使用特权级 3,不能使用特权指令。

虚拟 8086 模式主要用于运行 8086 程序。

1.6 习 题

1. 选择题（请从以下各题给出的 A、B、C、D 四个选项中，选择一个正确的答案）

（1）在（　　）表示中，二进制数 11111111b 表示十进制数 −1。

A. 补码　　　　　　B. 反码　　　　　　C. 原码　　　　　　D. BCD 码

（2）十进制数 −100 的 8 位二进制数的补码为（　　）。

A. 11100100b　　　　　　　　　　B. 01100100b

C. 10011100b　　　　　　　　　　D. 11001110b

（3）微机中常用补码表示有符号数，下面几种说法不正确的是（　　）。

A. ffh 表示 −1

B. 8 位二进制数的表示范围是 −128～+128

C. 0 的补码只有一种表示

D. 01 h 的补码还是 01 h

（4）在 8 位二进制数中，有符号数的范围是（　　）。

A. 0～255　　　　B. 0～256　　　　C. −127～+128　　　　D. −128～+127

（5）某二进制数 0110 0010，若其表示 ASCII 码时，对应（　　）字符。

A. 'b'　　　　　　B. 'B'　　　　　　C. 'A'　　　　　　D. 'a'

（6）根据 ASCII 码值的大小，下列表达式中正确的是（　　）。

A. 'a'＜'A'＜'9'　　　　　　　　B. 'A'＜'a'＜'9'

C. '9'＜'a'＜'A'　　　　　　　　D. '9'＜'A'＜'a'

（7）ASCII 中的 0dh 表示的字符是（　　）。

A. "D"　　　　　　B. 回车　　　　　　C. "d"　　　　　　D. 换行

（8）下列代码所表示的数中加 1 后为素数（只能被 1 和它自己除尽）的是（　　）。

A. 0011 0110b　　　　　　　　　B. 0011 0101（BCD 码）

C. 0011 0110（ASCII 码）　　　　D. 37H

（9）一个字符的基本 ASCII 值占用（　　）位（二进制）。

A. 6　　　　　　　B. 7　　　　　　　C. 8　　　　　　　D. 9

（10）$[x1]_原$＝11001010b，$[x2]_反$＝11001010b，$[x3]_补$＝11001010b，那么它们的关系是（　　）。

A. x3＞x1＞x2　　B. x2＞x3＞x1　　C. x3＞x2＞x1　　D. x2＞x1＞x3

（11）$[x1]_原$＝10111101b，$[x2]_反$＝10111101b，$[x3]_补$＝10111101b（　　）。

A. x1 最小　　　　B. x2 最小　　　　C. x3 最小　　　　D. x2＝x1＝x3

（12）若某机器数为 1000 0000b，它代表 −127d，则它是（　　）。

A. 补码　　　　　　B. 原码　　　　　　C. ASCII 码　　　　D. 反码

（13）若某机器数为 10000000b，它代表 0，则它是（　　）。

A. 补码　　　　　　B. 原码　　　　　　C. 反码　　　　　　D. 原码或反码

(14) 下列是 8 位二进制数的补码,其中真值最大的是(　　)。

A. 1000 1000　　　B. 1111 1111　　　C. 0000 0000　　　D. 0000 0001

(15) 十六进制数 88H,可表示成下面几种形式,表示错误的是(　　)。

A. 无符号十进制数 136　　　　　　　B. 有符号十进制数 -120

C. 压缩型 BCD 码十进制数 88　　　　D. 8 位二进制数 -8 的补码

(16) 下列数据中,可能是八进制数的是(　　)。

A. 488　　　　　　　B. 317　　　　　　　C. 597　　　　　　　D. 189

(17) 与十进制数 56 等值的二进制数是(　　)。

A. 0011 1000　　　B. 0011 1001　　　C. 0010 1111　　　D. 0011 0110

(18) 在 8 位二进制数中,无符号数的范围是(　　)。

A. 0 ~255　　　　　B. 0 ~256　　　　　C. -127~+128　　D. -128~+127

(19) 某个整数的二进制补码和原码相同,则该数一定(　　)。

A. 大于 0　　　　　B. 小于 0　　　　　C. 等于 0　　　　　D. 大于或等于 0

(20) 若一个数的 BCD 编码为 0010 1001,则该数与(　　)相等。

A. 41h　　　　　　　B. 121d　　　　　　C. 29d　　　　　　　D. 29h

(21) 关于 ASCII 字符集中的字符,下面叙述中正确的是(　　)。

A. ASCII 字符集共有 128 个不同的字符

B. 每个字符都是可打印(或显示)的

C. 每个字符在 PC 键盘上都有一键与之对应

D. ASCII 字符集中大小写英文字母的编码相同

(22) 在计算机内部,一切信息的存取、处理和传送都是以(　　)形式进行的。

A. 二进制编码　　　B. ASCII 码　　　　C. 十六进制编码　　D. BCD 码

(23) 能够被 CPU 直接识别的语言是(　　)。

A. 汇编语言　　　　B. 高级语言　　　　C. 机器语言　　　　D. 应用语言

(24) 标准 ASCII 码是用(　　)位二进制数进行编码的。

A. 7　　　　　　　　B. 12　　　　　　　C. 8　　　　　　　　D. 16

(25) 至今为止,计算机中的所有信息仍以二进制方式表示的理由是(　　)。

A. 节约元件　　　　　　　　　　　　　B. 运算速度快

C. 物理器件的性能决定　　　　　　　D. 信息处理方便

(26) 在计算机中一个字节由(　　)位二进制数组成。

A. 2　　　　　　　　B. 4　　　　　　　　C. 8　　　　　　　　D. 16

(27) 二进制数 10101 转换成十进制数是(　　)。

A. 25　　　　　　　　B. 23　　　　　　　C. 21　　　　　　　D. 22

(28) 在计算机中表示地址时使用(　　)。

A. 无符号数　　　　B. 原码　　　　　　C. 反码　　　　　　D. 以上都不对

(29) 准确地说,计算机系统中的硬盘(　　)。

A. 属于存储器,不属于外部设备

B. 属于外部设备,不属于存储器

C. 既属于存储器,又属于外部设备

D. 既不属于存储器,又不属于外部设备

(30) 将 8086 微处理器、内存储器及 I/O 接口连接起来的总线是(　　)。

A. 片总线　　　　　　B. 外总线　　　　　　C. 系统总线　　　　　　D. 局部总线

(31) 计算机的外围设备是指(　　)。

A. 输入/输出设备　　　　　　　　　　　B. 外存储器

C. 远程通信设备　　　　　　　　　　　D. 除了 CPU 和内存以外的其他设备

(32) 在机器数(　　)中,零的表示形式是唯一的。

A. 原码　　　　　　B. 补码　　　　　　C. 移码　　　　　　D. 反码

(33) 在软件方面,第一代计算机主要使用的是(　　)。

A. 机器语言　　　　　　　　　　　　B. 高级程序设计语言

C. 数据库管理系统　　　　　　　　　D. Basic 和 FORTRAN

(34) 下面几个不同进制数中,最小的是(　　)。

A. 1001001h　　　　B. 75　　　　　　C. 37d　　　　　　D. 　a7h

(35) 分别指出下列寄存器的位数 ax、bh、cs、ebx(　　)。

A. 8 位、16 位、32 位、16 位　　　　　　B. 16 位、8 位、16 位、32 位

C. 16 位、8 位、32 位、16 位　　　　　　D. 16 位、16 位、32 位、8 位

(36) 在微机系统中分析并控制指令执行的部件是(　　)。

A. 寄存器　　　　　　B. 数据寄存器　　　　　C. CPU　　　　　　D. 存储器

(37) 在计算机的 CPU 中执行算术逻辑运算的部件是(　　)。

A. alu　　　　　　B. pc　　　　　　C. al　　　　　　D. fr

(38) 在标志寄存器中表示溢出的标志(　　)。

A. AF　　　　　　B. CF　　　　　　C. OF　　　　　　D. SF

(39) PSW(或 FR)是指令部件中(　　)。

A. 指令寄存器　　　　　　　　　　　B. 指令译码器

C. 程序计数器　　　　　　　　　　　D. 程序状态寄存器

(40) CPU 要访问的某一存储单元的实际地址称(　　)。

A. 段地址　　　　　　B. 偏移地址　　　　　C. 物理地址　　　　　D. 逻辑地址

2. 判断题(判断对错,在括号内打√或×)

(1) 对种类不同的计算机,其机器指令系统都是不同的。　　　　　　　　　　(　　)

(2) 外存中的数据不能直接进入 CPU 被处理。　　　　　　　　　　　　　(　　)

(3) 当运算结果各位全部为零时,标志 ZF＝1。　　　　　　　　　　　　　(　　)

(4) 外存储器可以用来保存程序。　　　　　　　　　　　　　　　　　　(　　)

(5) 若 31h 是某字符的 ASCII 码,这个字符是'a'。　　　　　　　　　　　(　　)

(6) 机器语言和汇编语言虽然都是低级语言,但只有机器程序能够直接执行。

(　　)

(7) 存储单元的地址和存储单元的内容是一回事。　　　　　　　　　　　(　　)

(8) 8086 微处理器只能工作在实模式下。　　　　　　　　　　　　　　(　　)

(9) Pentium 微处理器在实模式下,可访问的内存空间为 1M 字节。　　　　　　　(　　)

(10) 虚拟 8086 模式主要用于运行 8086 程序。　　　　　　　　　　　　　　　　(　　)

(11) 同一物理地址,可以有不同的逻辑地址。　　　　　　　　　　　　　　　　　(　　)

(12) 1KB＝1000B。　　　　　　　　　　　　　　　　　　　　　　　　　　　　(　　)

3. 填空题(请在以下各题留出的空格位置中,填入正确的答案)

(1) 假设字节单元(10000h)＝12h、(10001h)＝34h、(10002h)＝56h,那么字单元(10000h)＝_____h,字单元(10001h)＝_____h。

(2) 计算机系统中的存储器分为_____和_____,在 CPU 执行指令时,必须将指令存放在_____中。

(3) 一个计算机系统由_____、_____和_____组成。

(4) 计算机中有一个"01100001"编码,如果它是无符号数,它代表十进制数_____,如果认为它是 BCD 码数,则表示_____,又如果它是某个 ASCII 码,则它代表_____。

(5) 已知某机器数为 10000001b,若为原码,它表示的十进制数是_____;若为反码,它表示的十进制数是_____;若为补码,它表示的十进制数是_____。

(6) 下列数制或字符串表示成相应的 ASCII 码是多少?

换行_____,空格_____,字母"A"_____,数字 8_____。

(7) 若 45h 是无符号数,它代表_____,若是带符号数,它代表_____,若是 BCD 数,它代表_____,若是 ASCII 码,它代表_____。

(8) 80286 微处理器有两种工作方式,分别是_____和_____。

(9) 80X86 系列微处理器中,最早引入高速缓冲存储器的处理器是_____。

(10) 80286 在保护虚拟方式下,实际的物理存储空间最大为_____。

4. 简答题

(1) 一个用十六进制表示的两位数,如果改用十进制数表示,顺序正好颠倒,该数是多少?

(2) 有两个二进制数 x＝01101010b,y＝10001100b,试比较它们的大小。

① x 和 y 两个数均为无符号数;

② x 和 y 两个数均为有符号数的补码。

(3) 写出数值为 102 的 8 位二进制的原码、反码和补码。结果用十六进制数表示。

(4) 已知 8086 系统某存储单元物理地址为 12345h,写出 4 个可以与它对应的逻辑地址。

第 2 章　80X86 指令系统

指令是 CPU 可以理解并执行的操作命令,程序是为了解决某一问题而编写的有限指令序列。指令系统是某种 CPU 所能执行的所有指令的集合。不同的 CPU 具有不同的指令系统,相互不一定兼容;但 80X86 系列高档 CPU 的指令系统兼容低档 CPU 的指令系统。本章将以 8086/8088 微处理器的指令系统为主介绍 80X86 的指令系统。包括数据传送(Data Transfer)、算术运算(Arithmetic)、逻辑运算(Logic)、串操作(String Menipulation)、程序控制(Program Control)和处理器控制(Processor Control)类指令。

本章的重点是理解常用指令的功能。熟悉 8086/8088 的寄存器组和各种寻址方式,是全面掌握指令功能的关键。学习指令时,读者应注意掌握指令的功能、指令支持的寻址方式、指令对"标志位"的影响以及指令的其他方面(如指令执行时的约定设置、必须预置的参数、隐含使用的寄存器等)。

2.1　80X86 指令格式与寻址方式

汇编语言源程序由若干条语句组成,每个语句占源程序的一行。这些语句分成以下三种类型。

指令语句:是一条符号指令。它与一条机器指令相对应,汇编以后成为这条机器指令的二进制代码,这个代码被称为目标(Object)。

伪指令语句:是一条说明性的语句。不产生目标代码。

宏指令语句:宏指令在使用之前要先定义。在汇编语言源程序中,若某程序片段需要多次使用,为了避免重复书写,可以把它定义为一条宏指令。在写源程序时,程序员用宏指令来替代程序片段;在汇编时,汇编程序用对应的程序片段替代宏指令。

2.1.1　指令的基本格式

80X86 指令格式如下:

　　　　　　[标号:]　指令助记符　[操作数]　[;注释]

其中用方括号括起来的部分,可以有也可以没有。每部分之间用空格(至少一个)分开,每条语句一般占一行,一行最多可有 132 个字符(masm 6.0 以后的版本可以是 512 个字符)。

[标号:]是程序员给这一行起的名字,后面跟上冒号,代表这一行的地址。标号用字母开始,不能使用保留字作为标号。

指令助记符(操作码),表示这条指令需要完成的操作,为了方便记忆,一般用英文单词缩写或几个单词的第一个字母组成。

［操作数］是指令的操作对象，指令的操作数个数可以为 0～3 个。操作数可以是立即数、寄存器和存储单元。

两个操作数时，中间用逗号隔开，目的操作数一般写在逗号前，源操作数在逗号后面。"源操作数"参与指令操作，不保存结果，内容不会改变。"目的操作数"参与指令操作，还保存指令的操作结果，指令执行后，目的操作数的内容被改变。

［;注释］是为了程序便于阅读而加上的，必要时，一个语句行也可以由分号开始作为阶段性注释。汇编程序在翻译源程序时将跳过该部分，不对它们做任何处理。

由于汇编语言指令易读、易记，因此下面介绍的指令系统都采用这一格式。

2.1.2　8086/8088 操作数的寻址方式

一条指令由操作码和操作数两部分组成。操作码说明计算机要执行哪种操作，而操作数存在于何处呢？操作数可以存放于操作码之后，即指令中；也可以存放于 CPU 内部的寄存器中，还可以存放于存储器中。形成操作数有效地址的方式称为操作数的寻址方式（或操作数的存放形式）。操作数采取哪一种寻址方式，会影响机器运行的速度和效率。如何寻址一个操作数，对程序的设计来讲也是至关重要的。

1. 立即数寻址

采用立即数寻址方式的操作数就直接存放在机器代码中，紧跟在操作码之后。这条指令汇编成机器代码后，操作数作为指令的一部分存放在操作码之后的主存单元中。我们称这种操作数为立即数，它可以是 8 位数值（00h～ffh），也可以是 16 位数值（0000h～ffffh）。例如，将立即数 3000h 送至 ax 寄存器指令：

$$mov \quad ax,3000h$$

指令功能：将立即数 3000h 传送给 ax 寄存器，指令代码：b8　00　30。读者可以在 debug 调试程序中用汇编、反汇编等命令，查看该指令在主存中的存储及执行结果。在该指令机器代码所在主存单元后的两个字节单元的内容为 00 30，可见 16 位立即数 3000h 紧跟在 mov 指令后，存放在代码段中。注意：高字节 30h 存放于相对高地址中，低字节存放于相对低地址单元中，如图 2-1 所示。

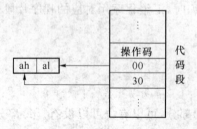

图 2-1　立即数寻址

立即数寻址方式常用来给寄存器和存储单元赋值。在汇编语言中，立即数是以常量形式出现的。常量可以是二进制数、十进制数、十六进制数（以 a～f 开头则要加个 0）、字符串（用单或双引号括起的字符，表示对应的 ASCII 码值，例如，'A'=41h），还可以是标识符表示的符号常量、数值表达式等。

注意：立即数不能用作"目的操作数"。

立即数寻址：操作数包含在指令中，紧跟操作码后面。

2. 寄存器寻址

寄存器寻址方式的操作数存放在 CPU 内部寄存器中，它可以是 8 位寄存器：ah / al / bh / bl / ch / cl / dh / dl；也可以是 16 位寄存器：ax / bx / cx / dx / si / di / bp / sp。另外，操作数还可以存放在 4 个段寄存器 cs / ds / ss / es 中。

例如将 bx 寄存器内容送至 ax 寄存器，指令如下：

$$\text{mov ax,bx}$$

执行示意图如图 2-2 所示。

图 2-2　寄存器寻址

两个操作数均为寄存器寻址：实现的功能是把 bx 寄存器的内容传送给 ax。

寄存器寻址方式的操作数存放于 CPU 的某个内部寄存器中，不需要访问存储器，因而执行速度较快，是经常使用的寻址方式。在双操作数的指令中，操作数之一必须是寄存器寻址。汇编语言在表达寄存器寻址时使用寄存器名，其实质就是指它存放的内容（操作数）。

寄存器寻址：操作数在 CPU 内的寄存器中，用寄存器名表示。

3. 存储器寻址

存储器寻址方式的操作数存放在主存储器中，在这种寻址方式下，指令中给出的是有关操作数所在存储器单元的地址信息。

8086/8088 的存储器空间是分段管理的，程序设计时采用逻辑地址。由于段地址放在默认的段寄存器中，所以只需要指明偏移地址，因此把偏移地址称为有效地址 EA（Effective Address）。为了方便各种数据结构的存取，8086/8088 设计了多种存储器寻址方式。

（1）直接寻址

操作数地址的 16 位偏移量（有效地址 EA）直接包含在指令中。它与操作码一起存放在代码段区域，操作数一般在数据段区域中，即默认的段地址在 ds 段寄存器中，它的物理地址为数据段存储器 ds 的内容乘以 16 加上有效地址。

假设数据段寄存器 ds 的内容 3000h。将数据段偏移地址为 2000h 单元的内容送至 ax 寄存器，指令如下：

$$\text{mov ax,ds:[2000h];}$$

（指令中的 ds 可以省略，系统默认为数据段）

示意图如图 2-3 所示。

这种寻址方法是以数据段的地址为基础，可在多达 64KB 的范围内寻找操作数。8086/8088 中允许段超越，允许操作数在以代码段、堆栈段或附加段为基准的区域中。此时需要在指令中指明段超越，格式为：

$$\text{段寄存器:[偏移地址]}$$

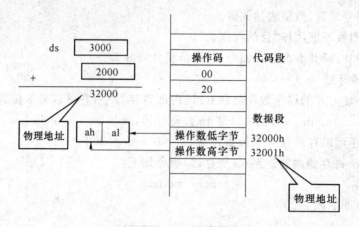

图 2-3　直接寻址示意图

这时,操作数的物理地址＝段寄存器×16＋偏移地址。

例如,下面第 1 条、第 2 条指令的源操作数都是直接寻址,第 3 条的目的操作数是直接寻址。

```
mov   ax,[2000h]      ;数据段
mov   bx,es:[3000h]
mov   [4000h],ax
```

第 2 条语句使用了段超越,因此操作数在附加段中,物理地址＝(es)×16＋3000h。

直接寻址:操作数在存储单元中,该存储单元的偏移地址在指令里直接写出。

(2) 寄存器间接寻址

把存储单元的有效地址(偏移地址)先装入某个寄存器,通过这个寄存器来找到该存储单元,称为"寄存器间接寻址"。

也就是操作数在存储器中,但是操作数的有效地址 EA 包含在以下四个寄存器 si、di、bp、bx 之中。可以分成两种情况:

一种是以 si、di、bx 间接寻址,其默认的段地址在 ds 段寄存器中,即数据段寄存器(ds)×16 加上 si、di 或 bx 中的内容(有效地址 EA),形成操作数的物理地址。例如:

```
mov   ax,[si]
mov   [bx],al
```

第 1 条指令中源操作数是寄存器间接寻址,其源操作数的物理地址＝(ds)×16＋(si)。

假设(si)＝2000h,寄存器间接寻址示意图如图 2-4 所示。第 2 条指令的目的操作数是寄存器间接寻址,该目的操作数的物理地址＝(ds)×16＋(bx)。

另一种是用寄存器 bp 的间接寻址,则操作数在堆栈段中。即堆栈段寄存器(ss)×16 与 bp 的内容(有效地址)相加作为操作数的物理地址。例如:

```
mov   ax,[bp]
```

源操作数的物理地址是:(ss)×16＋(bp)。

在寄存器间接寻址的指令中也可以使用段超越。例如:

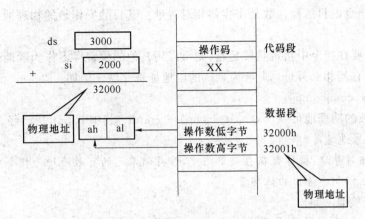

图 2-4 寄存器间接寻址示意图

mov　ax,ds:[bp]

该指令的源操作数物理地址＝(ds)×16＋(bp)。

需要注意的是,16 位 80X86 微处理器只有 bx、bp、si、di 这 4 个寄存器可以用来"间接寻址"。若不另加说明使用 bp 时自动用 ss 的值作为段基址,使用 bx、si、di 时自动用 ds 的值作为段基址。

寄存器间接寻址:操作数在存储单元中,指令中给出寄存器的内容是该存储单元的偏移(有效)地址。

(3) 寄存器相对寻址

操作数在存储器中,由指定的寄存器内容,加上指令中给出的 8 位或 16 位偏移量作为操作数的有效地址。可以用作寄存器相对寻址的四个寄存器是 si、di、bx、bp。若用 si、di 和 bx 作寄存器相对寻址,则操作数默认在数据段。例如:

mov　ax,[si＋4000h]

mov　[di＋8],ax

第 1 条指令的源操作数是寄存器相对寻址,其源操作数的物理地址＝(ds)×16＋(si)＋4000。

假设 si＝2000h,寄存器相对寻址示意图如图 2-5 所示。

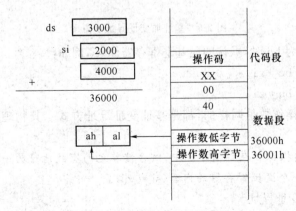

图 2-5 寄存器相对寻址示意图

第 2 条指令的目的操作数是寄存器相对寻址。其目的操作数的物理地址＝(ds)×16＋(di)＋8。

同样,只要在指令中指定是段超越,则可以用其他的段寄存器作为段地址寄存器。若用 bp 作为寄存器相对寻址,则 ss 为默认的段地址寄存器。例如:

mov   ax,count [bp];

源操作数的物理地址＝(ss)×16＋(bp)＋ count ,其中 count 是已经定义过的常量或变量名(符号地址)。

寄存器相对寻址:操作数在存储单元中,该存储单元的有效地址为指令中给出的寄存器的内容加上指令中给出的位移量。

(4) 基址变址寻址

把 bx 和 bp 看作是基址寄存器,把 si、di 看作是变址寄存器,把一个基址寄存器(bx 或 bp)的内容加上一个变址寄存器(si 或 di)的内容,作为操作数的有效地址,即为基址变址寻址,例如:

mov   ax,[bx + si]
mov   [bx + di],ax

第 1 条指令的源操作数为基址变址寻址方式。假设 si＝2000h,bx＝4000h 则源操作数的物理地址为 36000h,执行示意图如图 2-6 所示。

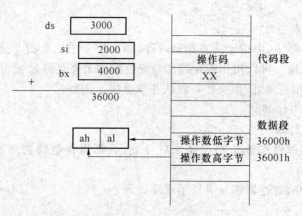

图 2-6 基址加变址寻址示意图

当基址寄存器为 bp 时,默认的段基址寄存器为 ss,例如:

　　mov   ax,[bp][si]

或　　　mov   ax,[bp + si]

两条语句的源操作数是同样的,都是基址变址寻址方式。其物理地址都等于(ss)×16＋(bp)＋(si)。

基址变址寻址:操作数在存储单元中,该存储单元的有效地址为一个基址寄存器的内容(bx 或 bp)加上一个变址寄存器的内容(si 或 di)。

(5) 相对基址变址寻址

基址变址寻址也可以加上一个相对位移量,如 count 、mask 等,用于表示相对寻址。

即寄存器(bx 或 bp)的内容加上一个变址寄存器(si 或 di)的内容,再加上指令中指定的 8
位或 16 位偏移量作为操作数的有效地址,例如:

    mov   ax,mask [bx][si]
    mov   bh,count [di][bp]
    mov   bh,count[bp + di]

若用 bx 作为基址寄存器,则操作数在数据段中,若用 bp 作为基址寄存器,则操作数
在堆栈段中。当指令中使用段超越时,与基址加变址寻址方式的情况相同。

相对基址变址寻址:操作数在存储单元中,该存储单元的有效地址为一个基址寄存器
的内容(bx 或 bp)加上一个变址寄存器的内容(si 或 di),再加上一个 8 位或者 16 位的位
移量。

2.2 数据传送类指令

数据传送指令的功能是把数据从一个位置传送到另一个位置。数据传送是计算机中
最基本、最重要的一种操作。数据传送指令也是最常使用的一类指令。该类指令除标志
操作指令外,其他均不影响标志位。本节主要介绍通用数据传送、交换传送、堆栈传送、地
址传送、换码指令和标志传送等指令。

2.2.1 通用数据传送指令

1. 格式与功能

通用数据传送指令 mov 把一个字节、一个字或一个双字的操作数从源地址传送至目
的地址。

目的操作数:8 位、16 位或 32 位的寄存器或存储器操作数。

源操作数:与目的操作数类型相同的寄存器、存储器或立即数操作数。

指令一般格式:

$$mov \quad dst,src$$

其中,mov 是指令助记符;dst 是目的操作数;src 是源操作数。

指令功能:完成数据传送;将源操作数的数据传送给目的操作数,源操作数不变。

具体来说,一条通用数据传送指令通常用来完成如下操作。

(1) CPU 内部寄存器之间数据的任意传送(除了代码段寄存器 cs 和指令指针 ip 以
外)。例如:

    mov al,bl   ;字节传送
    mov cx,bx   ;字传送
    mov ds,bx
    mov eax,edx   ;双字(32 位)传送

(2) 立即数传送至 CPU 内部的通用寄存器组。例如:

    mov cl,4
    mov ax,03ffh

```
mov  si,057bh
mov  eax,12345678h
```

（3）CPU 内部寄存器（除了 cs 和 ip 以外）与存储器（所有寻址方式）之间的数据传送。例如：

```
mov  al,buffer
mov  ax,[si]
mov  [di],cx
mov  si,block[bp]
mov  ds,data[si + bx]
mov  dest[bp + di],es
mov  [ebx],eax
```

（4）实现立即数给存储单元赋值。例如：

```
mov  byte  ptr [2000h],25h
mov  word ptr [si],35h
mov  word ptr [bx + si],1234h
```

2. 注意事项

使用 mov 指令应注意以下几点：

（1）指令传送中，不允许对 ip 进行操作；cs 不能作为目的操作数。

（2）两个操作数中，除立即数寻址之外必须有一个为寄存器寻址方式，即两个存储器操作数之间不允许直接进行信息（数据、地址）传送。

例如，当需要把地址（偏移地址）为 area1 的字节单元的内容，传送至同一段地址为 area2 的字节单元中时，mov 指令不能直接完成这样的传送，而必须借助于 CPU 内部寄存器来完成这样的传送，即

```
mov  al,area1
mov  area2,al
```

（3）两个段寄存器之间不能直接传送信息，也不允许用立即寻址方式为段寄存器赋初值，如下面两条指令都是错误的。

```
mov  ds,es
mov  ds,0
```

（4）目的操作数，不能用立即寻址方式。

也就是说，mov 指令可以实现立即数到寄存器、立即数到存储单元的传送，寄存器与寄存器之间、寄存器与存储器之间、寄存器与段寄存器之间的传送，存储器与段寄存器之间的传送。

3. mov 指令举例

下面的指令是正确的：

```
mov  cl,dh        ;字节传送指令,dh 寄存器内容送入 cl
mov  ax,cs        ;字传送指令,cs 寄存器内容送入 ax
mov  ss,cx        ;字传送指令,cx 寄存器内容送入 ss
```

```
mov  al,30h        ;字节传送指令,执行后(al)=30h
mov  ax,30h        ;字传送指令,执行后(ax)=0030h
mov  al,-5         ;字节传送指令,执行后(al)=0fbh
mov  ax,-5         ;字传送指令,执行后(ax)=0fffbh
mov  [bp],bl       ;字节传送指令,bl寄存器内容送ss:[bp]
mov  [bx],ax       ;字传送指令,al内容送ds:[bx],
                   ;ah内容送ds:[bx+1]
mov  dx,[si]       ;字传送指令,ds:[si]内容送入dl,
                   ;ds:[si+1]内容送入dh
```

下面的指令是错误的:

```
mov  cl,dx         ;操作数类型不匹配
mov  cs,ax         ;cs寄存器不能作为目的操作数
mov  ds,cs         ;源操作数和目的操作数不能同时为段寄存器
mov  [dx],bl       ;dx寄存器不能用来寄存器间接寻址
mov  [bx],30h      ;操作数类型不能确定
mov  30h,al        ;立即数不能用作目的操作数
mov  al,300        ;源操作数超出范围
```

2.2.2　交换传送指令

交换传送指令 xchg 用来将源操作数和目的操作数内容交换,指令一般格式为

$$xchg \quad dst,src$$

功能:完成两个操作数据交换。

把一个字节或一个字的源操作数与一个字节或一个字的目的操作数相交换。交换只能在通用寄存器之间或通用寄存器与存储器之间进行。段寄存器和立即数不能作为交换指令的一个操作数。例如:

```
xchg  al,ah              ;累加器ax高8位和低8位交换
```

假设该指令执行前(ax)=1234h,则指令执行后(ax)=3412h。累加器ax的高8位和低8位进行了交换。

同样下面的几条指令也是正确的,它们分别完成了两个寄存器的内容交换:一个16位寄存器与存储器字单元之间的数据交换;一个8位寄存器与存储器字节单元的数据交换。

```
xchg  ax,di          ;两个寄存器的内容交换
xchg  ax,buffer      ;累加器和存储单元的内容交换
xchg  data[si],dh    ;8位寄存器的内容与字节单元的内容交换
```

注意:交换指令不允许使用段寄存器。交换指令不影响标志位。

2.2.3　堆栈操作指令

堆栈(stack)是用户使用的存储器的一部分,用来存放临时性的数据和其他信息,如

函数使用的局部变量、调用子程序的入口参数、返回地址等。

使用 ss 段寄存器记录其段地址。堆栈只有一个出口,即当前堆栈的栈顶,用堆栈指针寄存器 sp 存放栈顶的偏移地址。如图 2-7 所示。

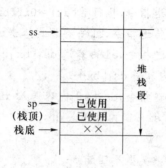

图 2-7 堆栈

堆栈有两种基本操作,对应有两条基本指令,即入栈指令 push 和出栈指令 pop。堆栈操作是对"栈顶"的操作,必须是 16 位的操作。堆栈操作具有"后进先出"的特点。

1. 入栈指令 push

指令一般格式:

$$push \quad oprd$$

其中 oprd 是源操作数,它可以是 CPU 内部的 16 位通用寄存器、段寄存器(cs 除外)和内存操作数(所有寻址方式)。入栈操作对象必须是 16 位数。

功能:将数据压入堆栈。

执行步骤:$sp-2 \rightarrow sp$;操作数低 8 位送至 sp 所指向的堆栈单元;操作数高 8 位送至 $sp+1$ 所指向的堆栈单元。如执行下面的指令:

push bx

假设该指令执行之前(bx)=1234h,(sp)=2000h。指令执行前和执行后,操作数和堆栈指针寄存器的变化如图 2-8 所示。

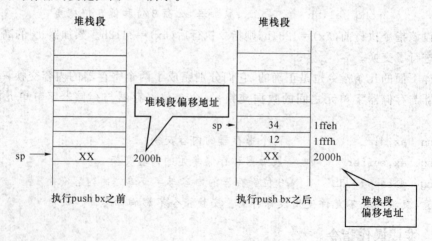

图 2-8 入栈指令 push

从图中可以看出,push bx 指令执行之前,堆栈指针寄存器 sp 的内容为 2000h(前面假设的),即堆栈段指针寄存器 sp 指向了堆栈段偏移地址为 2000h 的单元。

执行 push bx 指令后,sp-2,即 sp=2000h-2=1ffeh,该指令将寄存器 bx 的内容 1234h 传送至堆栈段偏移地址为 1ffeh 的字单元(1fffh 单元的内容是 12h,1ffe 单元的内容是 34h),相对高的地址存放的是高位数据;相对低的地址存放的是低位数据。如图 2-8 所示。

2. 出栈指令 pop

指令一般格式:

$$pop \quad oprd$$

其中 oprd 是目的操作数,对指令执行的要求同入栈指令。

功能:将数据弹出堆栈。

执行步骤为:sp 所指向的堆栈单元的内容→目的操作数低 8 位;sp+1 所指向的堆栈单元的内容→目的操作数高 8 位;sp=sp+2。如执行下面的指令:

pop ax

假设该指令执行之前(sp)=1ffeh,堆栈段偏移地址为 1ffeh 字单元的内容为 1234h。指令执行前和执行后,操作数和堆栈指针寄存器的变化如图 2-9 所示。

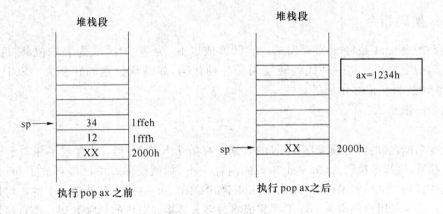

图 2-9 出栈指令 pop

从图中可以看出,pop ax 指令执行之前,堆栈指针寄存器 sp 的内容为 1ffeh(前面假设的),即堆栈段指针寄存器 sp 指向了堆栈段偏移地址为 1ffeh 的单元,该字单元的内容为 1234h;是源操作数,ax 是目的操作数。

执行 pop ax 指令后,将 sp 指向单元的内容 1234h 传送至目的操作数 ax,所以,(ax)=1234h,然后,sp+2。即指令执行后 sp=1ffeh+2=2000h。如图 2-9 所示。

3. 注意事项

(1) push 和 pop 指令只能是字操作,因此存取字数据后,sp 的修改必须是-2 或+2;

(2) push 和 pop 指令不能使用立即数方式;

(3) push 和 pop 指令都不影响标志位;

push 指令在程序中常用来暂存某些数据,而 pop 指令又可将这些数据恢复。

2.2.4　有效地址传送指令

有效地址传送指令 lea（Load Effective Address）将存储器操作数的有效地址（段内偏移地址）传送至 16 位通用寄存器中。

一般格式：

$$\text{lea\quad dst,src}$$

功能：把源操作数 src 的偏移地址传送至目的操作数 dst。

要求：源操作数必须是一个存储器操作数，目的操作数必须是一个 16 位的通用寄存器。这条指令通常用来使一个寄存器作为地址指针。如下面的指令：

```
lea  si,[1234h]
```

该指令的源操作数是直接寻址，直接寻址的操作数在存储器中，其有效地址在指令中直接给出（1234h），目的操作数是寄存器，所以该指令执行后将源操作数的有效地址传送至目的操作数 si，指令执行后 si＝1234h。

所以，源操作数必须是存储器操作数，可以是直接寻址、寄存器间接寻址、相对寄存器寻址、基址变址寻址和相对基址变址寻址等。例如：

```
lea  bx,[bp＋si]      ;指令执行后,bx 内容为 bp＋si 的值
lea  bx,table        ;把变量 table 的偏移地址送到 bx
```

2.2.5　换码指令

换码指令 xlat 是将 al 寄存器的内容转换成以 bx 为表基址，al 为表中位移量的表中值。换码指令常用于将一种代码转换为另一种代码，如键盘位置码转换为 ASCII 码，数字 0～9 转换为 7 段显示码等。

指令一般格式：

$$\text{xlat}$$

指令功能：表的内容预先存在，表的首地址存放于 bx 寄存器，al 存放了相对于表首地址的位移量，该指令执行后（bx＋al）单元的内容→al。如假设内存中已经存放了 0～9 所对应的 ASCII 码（30h～39h），其首地址为 table，如图 2-10 所示（图中存储单元中的数均是十六进制数），要求利用换码指令 xlat 编程完成将数字 3 转换成对应的 ASCII 码。编程序如下：

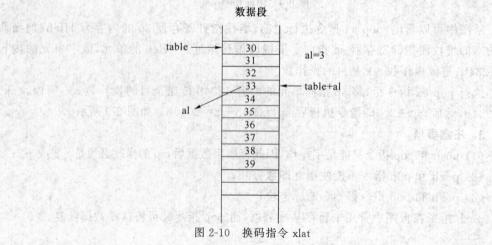

图 2-10　换码指令 xlat

```
lea  bx,table
mov  al,3
xlat
```

第1条语句是把已知表的首地址 table 传送至基址寄存器 bx,第2条语句是把需要转换的值送入累加器 al,执行第3句后,al＝33h,即3的 ASCII 码,也就是 table＋3单元的内容(如图 2-10 所示)。

在使用换码指令前,首先在主存中建立一个字节表格,表格的内容是需要转换的目的数据,需要转换的原数据存放于 al 寄存器,要求被转换的数据应是相对表格首地址的位移量。设置好后,执行换码指令,即将 al 寄存器的内容转换为目的代码。xlat 指令默认的缓冲区在数据段。

xlat 指令中没有显式指明操作数,而是默认使用 bx 和 al 寄存器。这种采用默认操作数的方法称为隐含寻址方式,指令系统中有许多指令采用隐含寻址方式。

注意:所建字节表格的长度不能超过256字节,因为存放位移量的是8位寄存器 al。xlat 指令不影响标志位。

2.2.6 标志寄存器传送指令

可完成标志位传送的指令有四条:

1. 读取标志指令 lahf (Load AH with Flag)

一般格式:

lahf

功能:将标志寄存器中的低8位(包括 SF、ZF、AF、PF 和 CF)传送至 ah 寄存器的指定位,空位没有定义。如图 2-11 所示。

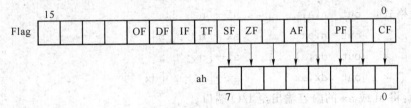

图 2-11 lahf 指令功能

2. 设置标志指令 sahf (Store AH with Flag)

一般格式:

sahf

功能:将寄存器 ah 的内容送至标志寄存器 FR 的低8位。根据 ah 的内容,影响标志位 SF、ZF、AF、PF 和 CF 位,对 OF、DF 和 IF 无影响。

3. pushf (push Flag)

一般格式:

pushf

功能:堆栈指针 sp-2,将标志寄存器压入堆栈顶部(sp 指向的单元),不影响标志位。

4. popf (pop Flag)

一般格式:

popf

功能:将堆栈顶部(sp 指向单元)的一个字,传送到标志寄存器,堆栈指针 sp+2。

pushf 和 popf 常用于暂存标志寄存器的内容和恢复标志寄存器的内容。

2.2.7　输入/输出数据传送指令

对 8086 及其后继机型的微处理机,所有 I/O 端口与 CPU 之间的通信都由输入输出指令 in 和 out 来完成。in 指令将信息从 I/O 端口输入到 CPU,out 指令将信息从 CPU 输出到 I/O 端口,因此,in 和 out 指令都要指出 I/O 端口地址。微处理机分配给外部设备最多有 64k 个端口,其中前 256 个端口(0~ffh)可以直接在指令中指定,其指令格式称为长格式。当端口地址超过 8 位(≥256),端口地址必须先送到 dx 寄存器,然后再用 in 或 out 指令传送信息,这样的指令格式称为短格式。当端口地址没有超过 8 位范围时,也可以使用短格式。CPU 与 I/O 端口传送信息的寄存器只限于累加器 ax 或 al,传送 16 位信息用 ax,传送 8 位信息用 al,这取决于外设端口的宽度。

1. 输入指令 in

一般格式:in　al,n　;　al←[n]

in　ax,n　;　ax←[n+1][n]

in　al,dx　;　al←[dx]

in　ax,dx　;　ax←[dx+1][dx]

功能:从 I/O 端口输入数据至 al 或 ax。

输入指令允许把一个字节或一个字由一个输入端口传送到 al 或 ax 中。若端口地址超过 255 时,则必须用 dx 保存端口地址,这样用 dx 作端口寻址最多可寻找 64k 个端口。

2. 输出指令 out

一般格式:　out　n,al　;　al→[n]

out　n,ax　;　ax→[n+1][n]

out　dx,al　;　al→[dx]

out　dx,ax　;　ax→[dx+1][dx]

功能:将 al 或 ax 的内容输出至 I/O 端口。

该指令将 al 或 ax 中的内容传送到一个输出端口。端口寻址方式与 in 指令相同。

注意:输入、输出指令不影响标志位。

2.3　算数运算类指令

算术运算类指令用来执行二进制及十进制的算术运算:加、减、乘、除。这类指令会根据运算结果影响状态标志,有时要利用这些标志才能得到正确的结果。因而使用它们时须留心有关状态标志。

2.3.1　加法指令

加法指令(Addition),在这里只介绍 add、adc 和 inc 三条指令,执行字或字节的加法运算。

1. 加法指令 add

一般格式：

add   dst,src

功能：dst←dst+src，完成两个操作数相加，结果送至目的操作数 dst，源操作数不变。

对操作数的要求：两个操作数不能同时为存储器寻址方式。

目的操作数：8 位、16 位或 32 位的寄存器、存储器操作数。

源操作数：与目的操作数类型相同的寄存器、存储器或立即数操作数。

如指令：

add   al,90h

源操作数为立即数寻址，目的操作数为寄存器寻址。两个数相加后结果存放在目的操作数。假设指令执行前(al)=82h，指令执行后(al)=12h(82h+90h 的结果)，加的结果影响标志，使得进位标志 CF=1(最高位有进位)；溢出标志 OF=1(结果的符号位变化了)；零标志 ZF=0(结果不为 0)；符号标志 SF=0(结果的符号位为 0)；辅助进位标志 AF=0(低 4 位没有进位)；奇偶标志 PF=1(结果的"1"的个数为偶数)。

下面的指令都是正确的指令：

add   bx,[3000h]   ； bx 寄存器与有效地址为 3000h 单元内容相加

add   di,cx   ； di 寄存器与 cx 寄存器的内容相加

add   dx,[bx+si]   ； dx 寄存器与存储单元内容相加

add   [si],dx   ； 存储器操作数与寄存器 dx 相加

add   eax,[esi]   ； 存储器操作数与寄存器 eax 相加

这些指令的运行结果都对标志 CF、OF、PF、SF、ZF 和 AF 产生影响。

2. 带进位加法指令 adc

一般格式：

adc   dst,src

功能：dst←dst+src +CF

adc 指令除完成 add 加法指令运算外，还要加进位标志 CF，其用法及对状态标志位的影响也与 add 指令一样。adc 指令主要用于与 add 指令相结合实现多字节数相加。对操作数的要求也与 add 指令一样。

【例 2.1】　若有两个四字节的数(32 位)，已分别放在自 first 和 second 开始的存储区中，每个数占四个存储单元。存放时，最低字节在地址最低处。要求编写程序段实现两个数相加，加的结果送至 sum 单元。

mov   ax,first

add   ax,second   ； 两个数的低 16 位相加

mov   sum,ax   ； 保存结果的低 16 位

mov   ax,first+2

adc   ax,second+2   ； 两个数的高 16 位相加，再加低位产生的进位

mov   sum+2,ax   ； 保存结果的高 16 位

假设 first 单元里存放的是数 12345678h，second 单元里存放的是数 9abcdef0h。程序执行后 sum 单元的内容为两个数相加的结果 0acf13568h。同时使得 CF=0；SF=1；

OF＝0；ZF＝0。

3.增量指令 inc

一般格式：

inc oprd ；

功能：oprd←oprd＋1

inc 指令对操作数 oprd 加 1（增量），它是一个单操作数指令。操作数可以是寄存器或存储器。例如：

```
inc   cx                ；  计数器 cx 内容加 1
inc   byte  ptr[bx]     ；  存储单元的内容加 1
inc   ecx               ；  计数器 ecx 内容加 1
```

由于增量指令主要用于对计数器和地址指针的调整，所以它不影响进位标志 CF，对其他状态标志位的影响与 add、adc 指令一样。

【例 2.2】 题目与例 2.1 相同，只是程序的实现中使用了增量指令 inc。

```
lea   si,first          ；  设置了第一个加数的指针
lea   di,second         ；  设置了第一个加数的指针
mov   ax,[si]           ；  读第一个数的低 16 位
add   ax,[di]           ；  两个数的低 16 位相加
mov   sum,ax            ；  保存结果的低 16 位
inc   si
inc   si                ；  调整指针加 2
inc   di
inc   di                ；  调整指针加 2
mov   ax,[si]           ；  读第一个数的高 16 位
adc   [di],ax           ；  两个数的高 16 位相加,再加低位产生的进位
mov   sum＋2,ax         ；  保存结果的高 16 位
```

由于增量指令 inc 不影响进位标志 CF，所以第 11 条 adc 指令加的进位是第 4 条 add 指令相加时产生的进位。

2.3.2 减法类指令

减法（Subtraction）类指令包括 sub、sbb、dec、neg 和 cmp 五条指令，执行字或字节的减法运算，除 dec 指令不影响进位标志 CF 外，其他减法指令按定义影响全部状态标志位。

1.减法指令 sub

一般格式：

sub dst,src

功能：dst←dst-src

该指令使目的操作数减去源操作数，结果送至目的操作数。对标志位 AF、CF、OF、PF、SF 和 ZF 都有影响。对操作数的要求与 add 指令相同。例如：

```
sub   cx,bx     ；  (cx)-(bx)→ (cx)
sub   [bx],cl   ；  一个字节单元的内容减去 cl 的内容
```

```
sub    eax,ecx  ；（eax）-（ecx）→（eax）
```

2. 带借位的减法指令 sbb

一般格式：

```
                    sbb  dst,src  ；
```

功能：dst←dst-src-CF

这条指令与 sub 类似，只是在两个操作数相减时，还要减去借位（进位）标志 CF 的现行值。本指令对标志位 AF、CF、OF、PF、SF 和 ZF 都有影响。

同 adc 指令一样，本指令主要用于多字节操作数相减。

【**例 2.3**】　若有两个四字节的数（32 位），已分别放在自 first 和 second 开始的存储区中，每个数占四个存储单元。存放时，最低字节在地址最低处。要求编写程序段实现两个数相减，减的结果送至 subduce 单元。

```
mov   ax,first
sub   ax,second        ； 两个数的低 16 位相减
mov   subduce,ax       ； 保存结果的低 16 位
mov   ax,first + 2
sbb   ax,second + 2    ； 高 16 位相减,再减去低位产生的借位
mov   subduce + 2,ax   ； 保存结果的高 16 位
```

假设 first 单元里存放的是数 12345678h,second 单元里存放的是数 9abcdef0h。程序执行后 subduce 单元的内容为两个数相减的结果 77777788h。

3. 减量指令 dec

一般格式：

```
                    dec  oprd
```

功能：oprd←oprd-1

dec 指令对操作数减 1（减量）。它是一个单操作数指令，操作数可以是寄存器或存储器。同 inc 指令一样，dec 指令不影响进位标志 CF（即不改变 CF 值），但影响其他状态标志。例如：

```
        dec  word ptr[si]    ； si 指向的单元内容减 1
        dec  cl              ； cl 寄存器内容减 1
        dec  bx              ； bx 寄存器内容减 1
        dec  ebx             ； ebx 寄存器的内容减 1
```

4. 取补指令 neg

一般格式：

```
                    neg  oprd
```

功能：对操作数取补。

neg 指令也是一个单操作数指令，它对操作数执行求补运算，即用零减去操作数，然后将结果送回操作数。求补运算也可以表达成：将操作数按位取反后加 1。

neg 指令对标志的影响与用零做减法的 sub 指令一样。所以此指令的结果一般总是使得标志 CF=1。除非在操作数为零时,才使 CF=0。

【**例 2.4**】　假设 al=0011 1100b,执行下列取补指令：

```
        neg  al
```

执行后 al＝1100 0100b,SF＝1,ZF＝0,CF＝1,OF＝0

5. 比较指令 cmp

一般格式：

$$\text{cmp}\quad \text{dst,src}$$

功能：dst-src

比较指令将目的操作数减去源操作数,但结果不回送目的操作数。也就是说,cmp 指令与减法指令 sub 执行同样的操作,同样影响标志,只是不改变目的操作数。

目的操作数：8 位、16 位或 32 位的寄存器、存储器操作数。

源操作数：与目的操作数类型相同的寄存器、存储器或立即数操作数。

cmp 指令用于比较两个操作数的大小关系。执行比较指令之后,可根据标志判断两个数是否相等、大小关系等。如表 2-1 所示。

表 2-1　cmp 指令执行后标志位的状态与操作数大小的关系

目的操作数与源操作数的关系			CF	ZF	SF	OF
有符号的操作数	目的操作数	等于	源操作数	0	1	0	0
		小于		—	0	SF、OF 相异	
		大于		—	0	SF、OF 相同	
无符号的操作数	目的操作数	等于	源操作数	0	1	0	0
		低于		1	0	—	—
		高于		0	0	—	—

所以,cmp 指令后面常跟条件转移指令,根据比较结果不同产生不同分支。

【例 2.5】 比较 al 是否大于 100,若小于 100 转至 below,若大于 100;al 寄存器减去 100。

```
cmp  al,100
jb   below
sub  al,100
……
below:……
```

2.3.3　乘法和除法指令

乘法和除法指令分别实现两个二进制操作数的相乘和相除运算,并针对无符号数和有符号数设计了不同指令;乘法和除法指令都有两个操作数;但目的操作数是隐含的,指令中给出的操作数是源操作数。由于同一个二进制编码表示无符号数和有符号数时,真值会有所不同;所以乘法指令采用无符号数乘法 mul 指令和有符号数乘法 imul 指令,乘积结果也会不同。除法指令采用无符号数除法 div 指令和有符号数除法 idiv 指令,结果商和余数也会不同。

1. 无符号乘法指令 mul

一般格式：

$$\text{mul}\quad \text{src}$$

功能：完成字节与字节相乘或字与字相乘，且默认的目的操作数放在 al 或 ax 中，而源操作数由指令给出（寄存器寻址或存储器寻址）。如果源操作数是 8 位，那么指令完成源操作数与 al 相乘，结果为 16 位数，放在 ax 中；如果源操作数是 16 位，那么源操作数与 ax 相乘，结果为 32 位数，高 16 位放在 dx，低 16 位放在 ax 中。

乘法指令利用对 OF 和 CF 的影响，可以判断乘法的结果中高半部分是否含有有效值。如果乘积的高半部分（ah 或 dx）没有有效值，即 mul 指令结果的高半部分为 0，则 OF＝CF＝0；否则 OF＝CF＝1。

乘法指令对其他状态标志的影响没有定义。需要注意的是，这一点与对标志没有影响是不同的，没有影响是指不改变原来的状态。

【例 2.6】　假设(al)＝87h,(bl)＝02h

　　　　　执行指令　mul　bl

指令完成了(al) * (bl)的运算，结果在 ax 中，(ax)＝010eh,CF＝OF＝1。说明高半部分是有效的。

【例 2.7】　假设(al)＝25h,(bl)＝02h

　　　　　执行指令　mul　bl

指令完成了(al) * (bl)的运算，结果在 ax 中，(ax)＝004ah,CF＝OF＝0。说明高半部分是无效的。

2. 有符号数乘法指令 imul

一般格式：

$$\text{imul}\quad\text{src}$$

这是一条有符号数的乘法指令，同 mul 一样可以进行字节与字节或字和字的乘法运算。有符号乘法指令按如下规则影响标志 CF 和 OF。若乘积的高半部分是低半部分的符号扩展，则 CF＝OF＝0；否则均为 1。它用于判断相乘的结果中高半部分是否为有效数值。有符号乘法指令对其他状态标志没有定义，同 mul 指令。

有符号乘法 imul 指令除操作数是有符号数以外，其他都与 mul 相同。

【例 2.8】　假设(ax)＝ffffh,(bx)＝02h

　　　　　执行指令　imul　bx

指令完成了(ax) * (bx)的运算，结果积在 dx 和 ax 中，(dx)＝ffffh,(ax)＝0fffeh, CF＝OF＝0。说明高半部分(dx)是无效的。

3. 无符号数除法指令 div

一般格式：

$$\text{div}\quad\text{src}$$

除法指令 div 执行两个无符号二进制数的除法运算，除法指令 div 隐含使用 dx 和 ax 作为目的操作数，指令中给出的源操作数是除数（寄存器或存储单元）。如果源操作数是 8 位，指令完成 ax 除以源操作数的运算，得到 8 位的商存入 al 寄存器，8 位的余数存入 ah 寄存器。如果源操作数是 16 位，那么被除数为 dx:ax 构成的 32 位数，指令完成 32 位数除以 16 位的运算，结果商在 ax 中，余数在 dx 中。

【例 2.9】　假设(ax)＝0064h,(bl)＝03h

执行指令　div　bl

指令完成了 (ax)÷(bl) 的运算,结果商在 al 中,余数在 ah 中。执行后 (ax)=0121h。

【例 2.10】 假设 (ax)=2012h,(dx)=0000h,(bx)=0003h

执行指令　div　bx

指令完成了 (dx):(ax)÷(bx) 的运算(即 32 位的二进制数除以一个 16 位二进制数,结果商在 ax 中,余数在 dx 中。执行后 (ax)=0a0bh,(dx)=0002h。

除法指令 div 对标志的影响没有定义,但是却可能产生溢出。当被除数远大于除数时,所得的商就有可能超出它所能表达的范围。如果存放商的寄存器 al 或 ax 不能表达,便产生溢出,8086CPU 则产生编号为 0 的内部中断,应用程序中应该考虑这个问题。

所以,对 div 指令,除数为 0,或者在字节除时商超过 8 位,或者在字节除时商超过 16 位,则发生除法溢出。

4. 有符号数除法 idiv

一般格式:

$$idiv \quad src$$

有符号除法指令 idiv 执行两个有符号二进制数的除法运算,除法指令 idiv 隐含使用 dx 和 ax 作为一个操作数,指令中给出的源操作数是除数。如果是字节除法,ax 除以一个 8 位二进制数,8 位的商存入 al 寄存器,8 位的余数存入 ah 寄存器。如果是字除法,被除数为 dx:ax 构成的 32 位数,运算结果商在 ax 中,余数在 dx 中。idiv 指令认为操作数的最高位为符号位,除法运算的结果商的最高位也为符号位。余数的符号与被除数符号相同。

【例 2.11】 假设 (ax)=0ff81h,(cl)=02h

执行指令　idiv　cl

指令完成了 (ax)÷(cl) 的运算(即 16 位的二进制数除以一个 8 位二进制数,结果商在 al 中,余数在 ah 中)。执行后 (ax)=0ffc1h。

除法指令 idiv 与 div 指令一样对标志的影响没有定义。

idiv 指令,除数为 0 或者在字节除时,商不在 −128～127 范围内,或者在字节除时商不在 −32768～32767 范围内,则发生除法溢出。

2.3.4　字符扩展指令

符号扩展指令可用来将字节转换为字,字转换为双字。它们均不影响标志位。有符号数通过符号扩展加长了位数,但数据大小并没有改变。

1. 字节扩展指令 cbw

一般格式:

$$cbw$$

该指令执行时将 al 寄存器的最高位扩展到 ah,即若 al 的 $d_7=0$,则 ah=0;否则 ah=0ffh。al 值的大小不变。

2. 字扩展指令 cwd

一般格式:

$$cwd$$

该指令执行时将 ax 寄存器的最高位扩展到 dx,即若 ax 的 $d_{15}=0$,则 dx=0;否则 dx=0ffffh。ax 值的大小不变。

cbw、cwd 指令不影响标志位。

符号扩展指令常用来获得除法指令所需要的被除数。例如(ax)=0ff00h，它表示有符号数−256；执行 cwd 指令后，则(dx)=0ffffh，dx:ax 仍表示有符号数−256，是用 32 位二进制数表示的−256。

【例 2.12】　假设需要完成一个有符号数的除法运算(ax)÷(bx)。

除法指令要求如果除数是 16 位的；被除数就应该是 32 位的。所以用如下指令实现运算。

```
cwd
idiv  bx
```

2.4　逻辑运算与移位指令

逻辑运算指令与移位指令对二进制数的各个位进行操作，所以都是位操作指令。8086 指令系统提供了 8 位和 16 位的逻辑运算指令和移位指令。

2.4.1　逻辑运算指令

逻辑运算指令用来对字或字节按位进行逻辑运算。包括逻辑与 and、逻辑或 or、逻辑非 not、逻辑异或 xor 和测试 test 五条指令。

1. 逻辑与指令 and

一般格式：

and dst,src

功能：对两个操作数进行按位的逻辑与运算，即只有相"与"的两位都是 1，结果才是 1；否则，"与"的结果为 0。逻辑与的结果送至目的操作数。

其中目的操作数 dst 可以是除立即数寻址以外任意寻址方式。源操作数 src 可以是任意寻址方式。但是两个操作数不能同时为存储器寻址方式。

逻辑与指令 and 使得 CF=OF=0，根据与的结果影响 SF、ZF 和 PF 状态，而对 AF 没有定义。

【例 2.13】　假设(ax)=1234h，执行指令：

```
and  ax,00ffh
```

指令完成了 ax 内容与立即数 00ffh 按位相与的运算，结果在目的操作数 ax 中，指令执行后(ax)=0034h

2. 逻辑或指令 or

一般格式：

or dst,src

功能：对指定的两个操作数进行按位逻辑"或"运算。结果送至目的操作数。

对操作数的要求同 and 指令，对标志的影响也同 and 指令。

3. 逻辑非指令 not

一般格式：

not oprd

功能：对操作数按位取反，即原来为 0 的位变成 1，原来为 1 的位变成 0。

not 指令是一个单操作数指令,该操作数可以是立即数以外的任何寻址方式。注意:not 指令不影响标志位。

【例 2.14】 假设 al＝00h,执行下列指令:

not　al

执行该指令后 al＝0ffh。

4. 逻辑异或指令 xor

一般格式:

$$xor\quad dst,src$$

功能:指令对两个操作数执行按位的逻辑异或运算,即相"异或"的两个位不相同时,结果就是 1;否则,"异或"的结果为 0。结果送至目的操作数。

对操作数的要求同 and 指令,对标志位的影响与 and 指令一样。

【例 2.15】 假设(ax)＝1234h,执行指令:

xor　ax,00ffh,

指令完成了 ax 内容与立即数 00ffh 按位相异或的运算,结果在目的操作数 ax 中,指令执行后(ax)＝12cbh。

5. 逻辑测试指令 test

一般格式:

$$test\quad dst,src$$

功能:指令对两个操作数执行按位的逻辑与运算,但结果不回送到目的操作数。test 指令执行的操作与 and 指令相同,但不保存执行结果,只根据结果影响状态标志。

test 指令通常用于检测一些条件是否满足,但又不希望改变原操作数的情况。这条指令之后,一般是条件转移指令,目的是利用测试条件转向不同的程序段。

【例 2.16】 若要检测 al 中的最低位是否为 1,为 1 则转移。可用以下指令:

```
    test    al,01h
    jnz     l1
        ...
l1: ...
```

2.4.2　移位指令

移位指令分为逻辑移位指令和算术移位指令。即算数左移指令 sal(shift arithmetic left)、逻辑左移指令 shl(shift logic left)、算数右移指令 sar(shift arithmetic right)和逻辑右移指令 shr(shift logic right)。

指令格式:　(1) sal　oprd,cnt　　;算术左移

　　　　　　(2) shl　oprd,cnt　　;逻辑左移

　　　　　　(3) sar　oprd,cnt　　;算术右移

　　　　　　(4) shr　oprd,cnt　　;逻辑右移

四条(实际为三条)移位指令的目的操作数可以是寄存器或存储单元。源操作数表示移位的位数,该操作数为 1,表示目的操作数移动一位;当移位位数大于 1 时,则用 cl 寄存器值表示移位位数。

移位指令的操作如图 2-12 所示,可以进行字节或字操作。移位指令按照移位的位设置进位标志 CF,根据移位后的结果影响 SF、ZF、PF,而对 AF 没有定义,如果进行一位移动,则按照操作数的最高位(符号位)是否改变,相应设置溢出标志 OF;如果移位前的操作数最高位与移位后操作数的最高位不同,则 OF=1;否则 OF=0。当移位次数大于 1时,OF 不确定。

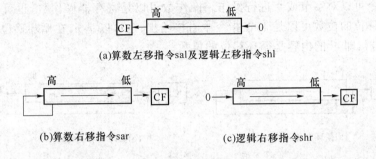

图 2-12　移位指令操作

逻辑左移和算术左移实际上是同一条指令的两种助记符形式,两者完全相同,建议采用 shl。在指令系统中还有类似的情况。采用多个助记符只是为了方便使用,增加可读性。

逻辑左移指令 shl 执行一次移位,操作数未超出一个字节或一个字的表达范围,则原数的每一位的权增加了一倍,相当于原数乘 2。逻辑右移指令 shr 执行一位移动,相当于无符号数除以 2。

算术右移指令 sar 执行一次移位,相当于有符号数除以 2。但应注意,当操作数为负(最高位为 1),并且最低位有 1 移出时,sar 指令产生的结果与等效的 idiv 指令的结果不同。例如,-5(fbh)经 sar 右移一位等于 -3(fdh),而 idiv 指令执行$(-5) \div 2$ 的结果为 -2,这是运算方式产生的误差。

【例 2.17】　在数的输入/输出过程中乘以 10 的操作是经常要进行的。而 $x \times 10 = x \times 2 + x \times 8$,可以采用移位和相加的办法来实现乘以 10 运算。为保证结果完整,先将 al 中的字节扩展为字。程序段如下:

```
cbw
sal    ax,1    ;ax×2
mov    bx,ax   ;暂存 ax×2 的结果至 bx 中
sal    ax,1    ;ax×4
sal    ax,1    ;ax×8
add    ax,bx   ;ax×10
```

该程序实现了 ax 的内容乘以 10 的运算。在实际应用中,用移位指令实现的乘法运算比用乘法指令的运行效率高。

2.4.3　循环移位指令

循环移位指令类似移位指令,但要从一端移出的位返回到另一端形成循环。循环移位分为不带进位循环移位和带进位循环移位,分别具有左移和右移操作。

指令格式:

(1)　rol　oprd,cnt　　　;循环左移

　　(2)　ror　oprd,cnt　　　　　;循环右移
　　(3)　rcl　oprd,cnt　　　　　;带进位循环左移
　　(4)　rcr　oprd,cnt　　　　　;带进位循环右移

　　循环移位指令的操作如图 2-13 所示。前两条循环指令,未把标志位 CF 包含在循环的环中,后两条把标志位 CF 包含在循环的环中,作为整个循环的一部分。

　　循环指令可以对字节或字进行操作。操作数可以是寄存器操作数,也可以是内存操作数。循环移位的位数可以是 1,在指令中直接给出;也可以是 n,在循环移位前 n 值必须送至 cl 寄存器,即 cl 的内容是循环移位的位数。

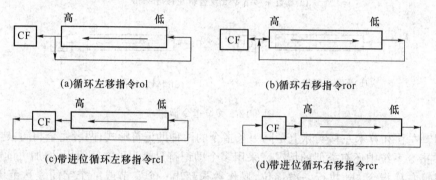

(a)循环左移指令rol　　　　　　　　　　(b)循环右移指令ror

(c)带进位循环左移指令rcl　　　　　　　(d)带进位循环右移指令rcr

图 2-13　循环移位指令示意图

　　循环移位指令按照指令功能设置进位标志 CF,不影响 SF、ZF、PF、AF。对 OF 标志的影响,循环移位指令与前面介绍的移位指令一样。

【例 2.18】　假设(ax)＝8765h,
执行指令　　　ror　ax,1
指令执行后 (ax)＝c3b2h

【例 2.19】　将 dx:ax 中的 32 位数值左移一位,
　　　　shl　ax,1
　　　　rcl　dx,1

【例 2.20】　把 al 最低位送 bl 最低位,但保持 al 不变,
　　　　ror　bl,1
　　　　ror　al,1
　　　　rcl　bl,1
　　　　rol　al,1

2.5　串操作类指令

　　串操作类指令可以用来实现内存区域的数据串操作。这些数据串可以是字节串,也可以是字串。

2.5.1　重复前缀指令

　　重复前缀用于控制后面的基本字符串指令是否重复执行,它们都是单字节指令。串操作

类指令可以与它们配合使用,从而使操作得以重复进行。重复前缀的几种形式如表 2-2 所示。

表 2-2　重复前缀指令的几种形式

汇编格式	执行过程	配合使用的字符串指令
rep	(1)若(cx)=0,则退出;否则 (2)cx=cx−1; (3)执行后面字符串指令;(4)重复(1)～(3)	movs,stos,lods
repe/repz	(1)若(cx)=0 或 zf=0,则退出;否则(2)cx=cx−1; (3)执行后面字符串指令;(4)重复(1)～(3)	cmps,scas
epne/repnz	(1)若(cx)=0 或 zf=1,则退出;否则(2)cx=cx−1; (3)执行后面字符串指令;(4)重复(1)−(3)	cmps,scas

2.5.2　字符串指令

字符串指令共有五种,具体内容见表 2-3。

表 2-3　字符串操作指令

功　能	指令格式	执行操作
	movs dst,src	由操作数说明是字节或字操作;其余同 movsb 或 movsw
字符串传送	movsb	si 所指向的一个字节单元数据(用[(ds:si)]表示)传送到 di 所指向的存储单元(用[(es:di)]表示)中,然后根据方向标志 DF 确定 si、di 增1还是减1,DF=1,si、di 自动减1,若 DF=0,si、di 自动加1
	movsw	[(ds:si)]→[(es:di)],若 DF=1,si、di 自动减2,若 DF=0, si、di 自动加2
	cmps	由操作数说明是字节或字操作;其余同 cmpsb 或 cmpsw
字符串比较	cmpsb	[(ds:si)]−[(es:di)],相减结果影响各有关标志位,不影响两个操作数,若 DF=1,si、di 自动减1,若 DF=0,si、di 自动加1
	cmpsw	[(ds:si)]−[(es:di)],相减结果影响各有关标志位,不影响两个操作数,若 DF=1,si、di 自动减2,若 DF=0,si、di 自动加2
	scas dst	由操作数说明是字节或字操作;其余同 scasb 或 scasw
字符串搜索	scasb	al−[(es:di)];根据 DF;di=di±1
	scasw	ax−[(es:di)];根据 DF;di=di±2

功　能	指令格式	执行操作
存字符串	stos　dst	由操作数说明是字节或字操作;其余同 stosb 或 stosw
	stosb	al→[(es:di)];根据 DF;di=di±1
	stosw	ax→[(es:di)];根据 DF;di=di±2
取字符串	lods　src	由操作数说明是字节或字操作;其余同 lodsb 或 lodsw
	lodsb	[(ds:si)]→al;根据 DF;si=si±1
	lodsw	[(ds:si)]→ax;根据 DF;si=si±2

对于字符串指令要注意以下几个问题。

（1）各指令所使用的默认寄存器是:si(源串地址)、di(目的地址)、cx(字串长度)、al(存取或搜索的默认值)。

（2）源串在数据段,目的串在附加段。

（3）方向标志与地址指针的修改。DF=1,则修改地址指针时用减法;DF=0 时,则修改地址指针时用加法。

（4）movs、stos、lods 指令不影响标志位。

2.5.3　字符串指令举例

【例 2.21】　在数据段中有一字符串,其长度为 20,要求把它们传送到附加段中的一个缓冲区中,其中源串存放在数据段中从符号地址 mess1 开始的存储区域内,每个字符占一个字节;mess2 为附加段中用以存放字符串区域的首地址。

```
lea   si,mess1      ;置原串偏移地址
lea   di,mess2      ;置目的串偏移地址
mov   cx,20         ;置串长度
cld                 ;方向标志 DF 清零
rep   movsb         ;字符串传送,重复 cx 次
```

【例 2.22】　在附加段中有一个字符串,存放在以符号地址 mess2 开始的区域中,长度为 20,要求在该字符串中搜索"$"字符(ASCII 码为 24h)。

```
cld                 ;方向标志 DF 清零
lea   di,mess2      ;装入目的串偏移地址
mov   al,24h        ;装入要搜索字符"$"的 ASCII 码
mov   cx,20         ;装入字符串长度
repne  scasb
```

需要注意的是:上述程序段执行之后,di 的内容即为相匹配字符的下一个字符的地址,cx 中是剩下还未比较的字符个数。若字符串中没有所要搜索的关键字节"$",则当搜索完成后(cx)=0 退出重复操作(repne)。

【例 2.23】　要对附加段中从 mess2 开始的 10 个连续的内存字节单元进行清零操作。

```
cld                 ;方向标志 DF 清零
```

```
lea  di,mess2      ;装入目的区域偏移地址
mov  al,00h        ;为清零操作准备
mov  cx,10         ;设置区域长度
rep  stosb
```

2.6　控制转移类指令

8086/8088 中,程序的执行序列是由代码段寄存器 cs 和指令指针 ip 确定的。cs 包含当前指令所在代码的段地址,ip 则是要执行的下一条指令的偏移地址。程序指令一般依指令序列顺序地逐条执行,但实际上程序不可能全部顺序执行,而是经常需要改变程序的执行流程。控制转移类指令通过修改 cs 和 ip 寄存器的值来改变程序的执行顺序,包括 5 组指令:无条件转移指令、有条件转移指令、循环指令、子程序指令和中断指令。

利用控制转移类指令,程序可以实现分支、循环和过程调用等。本节主要学习指令功能,程序设计结构将在第 4 章展开。

2.6.1　无条件转移

所谓无条件转移,就是无任何先决条件就能使程序改变执行顺序。处理器只要执行无条件转移指令 jmp,就使得程序转到指定的目标地址处,从目标地址处开始执行那里的指令。

一般格式:

jmp oprd;

其中,oprd 是转移的目标地址。

jmp 指令可以将程序转移到 1MB 存储空间的任何位置。根据跳转的距离,jmp 指令分成段内转移和段间转移。根据寻址方式又可将段内转移、段间转移分成直接转移和间接转移。

1. 段内转移

段内转移是指在当前代码段 64KB 范围内的转移,因此不需要改变 cs 段地址,只要改变 ip 偏移地址。如果转移范围可以用 1 个字节($-128\sim127$)表达,则可以形成"短转移 short jmp";如果地址转移用一个 16 位数表达,则形成段内"近转移 near jmp",它是在 ±32KB 范围。

（1）短转移

jmp short ptr oprd   ;ip = ip + 8 位位移量

目标地址与 jmp 指令所处地址的距离应在 $-128\sim127$ 范围之内。

（2）近转移

jmp near ptr oprd   ;ip = ip + 16 位位移量

目标地址与 jmp 指令应处于同一地址段范围之内。

指令代码中的位移量是指紧跟着 jmp 指令后的那条指令的偏移地址到目标指令的偏移地址的地址位移。当向地址增大方向转移时,位移量为正;向地址减小方向转移时,

位移量为负。通常,汇编程序能够根据位移量大小自动形成短转移或近转移指令。同时,汇编程序也提供近转移 near ptr 操作符。

（3）段内间接转移

段内间接转移是将转移的目标地址预先存放在某个寄存器或存储单元中,通过这个寄存器或存储单元实现的转移。例如:

```
jmp  cx    ;cx 的内容是转移的地址;可以使用任何一个通用寄存器
jmp  word  ptr [bx]  ;目标地址在存储单元中
```

2. 段间转移

段间转移是指从当前代码段跳转到另一个代码段,此时需要更改 cs 段地址和 ip 偏移地址。

（1）段间直接转移

这种转移也称为"远转移 far jump"。转移的目标地址必须用 32 位表达,叫做 32 位远指针,它就是逻辑地址。例如:

```
jmp  far  ptr  oprd ;ip = oprd 的段内位移量,cs = oprd 所在段地址
```

（2）段间间接转移

段间间接转移需要 32 位的目标地址（即 cs 值和 ip 值都改变了）,使用段间间接转移时,需要将 32 位的目标地址预先装入内存单元。例如:

```
jmp  dword  ptr  [bx]
```

指令中的寻址方式只能是存储器寻址,该指令指定的双字指针的第一个字单元内容送 ip,第二个字单元内容送 cs。

2.6.2　条件转移指令

条件转移指令是根据上一条指令对标志位的影响来判断测试条件的。每一种条件转移指令都有它的测试条件,并根据测试结果决定程序是否进行转移。条件转移指令的目标地址必须在现行的代码段(cs)内,并且以当前指针寄存器 ip 内容为基准,其位移必须在 $-128 \sim 127$ 的范围之内。

条件转移指令对结果的状态进行测试如果满足条件就转移到目标地址执行,否则顺序执行下一条指令。各条件指令如表 2-4 所示。

表 2-4　条件转移指令表

指令格式	标志位	操　作
标志位转移指令		
jz / je　　oprd	ZF=1	结果为零转移
jnz / jne　oprd	ZF=0	结果不为零转移
js　　　　oprd	SF=1	结果为负数
jns　　　　oprd	SF=0	结果为正数(不为负)转移
jp/jpe　　oprd	PF=1	结果奇偶校验为偶转移
jnp/jpo　　oprd	PF=0	结果奇偶校验为奇转移

续表

指令格式	标志位	操 作
标志位转移指令		
jo oprd	OF=1	结果溢出转移
jno oprd	OF=0	结果没有溢出转移
jc oprd	CF=1	结果有进位(借位)转移
jnc oprd	CF=0	结果无进位(借位)转移
无符号数比较转移指令		
ja/jnbe oprd	CF=0 且 ZF=0	高于或不低于等于转移
jae/jnb oprd	CF=0 或 ZF=1	高于等于或不低于转移
jb/jnae/jc oprd	CF=1	低于或不高于等于转移
jbe/jna oprd	CF=1 或 ZF=1	低于等于或不高于转移
有符号数比较转移指令		
jg/jnle oprd	OF ⊕ SF=0	大于或不小于等于转移
jge/jnl oprd	OF ⊕ SF=0 或 ZF=1	大于等于或不小于转移
JL/JNGE OPRD	OF ⊕ SF=1	小于或不大于等于转移
jle/jng oprd	OF ⊕ SF=1 或 ZF=1	小于等于或不大于转移
测试转移指令		
jcxz oprd		cx=0 时转移

从表 2-4 可以看到,条件转移指令是根据两个数的比较结果或某些标志位的状态来决定转移的。在条件转移指令中,如果是对有符号数进行比较或测试从而实现转移的话,指令通常对溢出标志位 OF 和符号标志位 SF 进行测试。如果是对无符号数进行比较或测试,指令通常测试标志位 CF。

对于有符号数分大于、等于、小于 3 种情况;对于无符号数分高于、等于、低于 3 种情况。在使用这些条件转移指令时,一定要注意被比较数的具体情况及比较后所能出现的结果。

表 2-4 中,同一行上的两个助记符是同一条指令的两种写法,作用相同。如指令助记符 ja 和 jnbe 的作用相同;ja 描述为高于转移,而 jnbe 描述为不低于或等于转移,是方便记忆从两个方面描述了同一个问题。在使用表 2-4 中指令之前,应确保使用的标志位已经正确地建立。

【例 2.24】 根据有符号数 x、y 的大小确定程序的走向。x 和 y 是已经定义的字变量。

```
        mov  ax,x
        cmp  ax,y
        jge  greater
less: …
        …
```

```
greater: …
```

2.6.3 循环控制指令

对于需要重复进行的操作,微机系统可用循环结构程序来进行,8086/8088 系统为了简化程序设计,设置了一组循环指令,这组指令主要对 cx 或 cx 和标志位 ZF 进行测试,确定是否循环,如表 2-5 所示。

表 2-5 循环指令表

指令格式	执行操作
loop oprd	cx=cx-1;若 cx≠0,则循环
loopnz/loopne oprd	cx=cx-1,若 cx≠0 且 ZF=0,则循环
loopz/loope oprd	cx=cx-1,若 cx≠0 且 ZF=1,则循环

【例 2.25】 有一首地址为 array 的 m 个字数组,试编写一段程序,求出该数组的内容之和(不考虑溢出),并把结果存入 total 中,程序段如下:

```
          mov   cx,m          ;设置计数器初值
          mov   ax,0          ;累加器初值为 0,用来存放累加和
          mov   si,ax         ;地址指针初值为 0
start:    add   ax,array[si]
          add   si,2          ;修改指针值(字操作,因此加 2)
          loop  start         ;cx=cx-1;若 cx≠0,则循环
          mov   total,ax      ;存结果
```

循环指令把 cx 寄存器用作循环计数器,每次执行循环指令,首先将 cx 的值减去 1,根据 cx 的值是否为 0,决定循环是否继续。

loopz 和 loope、loopnz 和 loopne 是同一条指令的两种书写方法。上述 3 条循环指令的执行均不影响标志位。

loop 指令的功能可以用条件转移实现,例如:

```
          dec   cx
          jnz   label
```

同样地,loopz、loopnz 指令的功能也可以由条件转移指令实现。读者可以自己写出对应的指令序列。

由于对 cx 先减 1,后判断,如果 cx 的初值为 0,将循环 65 536 次。

2.6.4 子程序指令

子程序结构相当于高级语言中的过程(procedure)。为了便于模块化程序设计,往往把程序中某些具有独立功能的部分编写成独立的程序模块,称为子程序。其他程序可用调用指令调用这个过程或子程序。而这些子程序执行完后又要返回调用程序继续执行,为实现这一功能 8086/8088 提供了过程调用指令 call(call)和返回指令 ret(return)。由于子程序与调用程序可以在一个段中,也可以不在同一个段中,因此,子程序调用指令

call 和子程序返回指令 ret 分为段间调用(即 far)、段间返回和段内调用(即 near)、段内返回。无论是段间还是段内调用,又分为直接和间接调用或返回。

1. 段内直接近调用

一般格式:

call　dst

操作:sp=sp-2,((sp)+1),(sp)←ip,ip=ip+16 位位移量

call 指令首先将当前 ip 内容压入堆栈保存。当前 ip 加上目标地址的位移量为子程序的入口地址。

2. 段内间接近调用

一般格式:

call　dst

操作:sp=sp-2,((sp)+1),(sp)←ip, ip←(ea)

当前 ip 内容压入堆栈,由操作数的寻址方式确定调用程序的地址(寄存器寻址或存储器寻址)。

3. 段间直接远调用

一般格式:

call　dst

操作:sp=sp-2,((sp)+1),(sp)←cs;sp=sp-2,((sp)+1),(sp)←ip;ip←dst 指定的偏移地址,cs←dst 指定的段地址.

同样是把返回地址先入栈保存,然后转移到由 dst 指定的地址去执行。由于调用程序和子程序不在同一段内,因此断点的保存以及调用程序的地址(子程序的入口)的设置都包括了段地址。

4. 段间间接远调用

一般格式:

call　dst

操作:sp=sp-2,((sp)+1),(sp)←cs;sp=sp-2,((sp)+1),(sp))←ip;ip←(ea),cs←(ea+2)

ea 是操作数 dst 的有效地址,这里 dst 的寻址方式只能是存储器寻址。

在上述 call 指令的格式中,并未加上如 near ptr 或 far ptr 格式的属性操作符,在实际使用时,可根据具体情况加上。

5. ret 返回指令

一般格式:

ret

ret 指令放在子程序的末尾,它使子程序完成后返回调用程序继续执行,而返回地址是调用程序在调用子程序时存放在堆栈中的,因此 ret 指令的操作让返回地址出栈,并送入 ip 和 cs 寄存器(段间)。即 ret 是将执行 call 时压入堆栈的 ip 值返给 ip;压入堆栈的 cs 返给 cs。所以,返回也分为段内返回(只返回 ip 值)和段间返回(返回 ip 值和 cs 值),是段内返回还是段间返回取决于调用时的属性是 near 还是 far。如果调用时是段内调用,返

回(ret)就是段内返回;否则就是段间返回。

2.7 标志处理和处理器控制类指令

标志处理指令用来控制标志,主要有 CF、DF 和 IF 三个控制标志。处理器控制指令用以控制处理器的工作状态,均不影响标志位,表 2-6 仅列出了一些常用的标志处理指令和 CPU 控制类。

表 2-6 标志处理和 CPU 控制类指令

指令格式	执行操作
标志类指令	
stc	置进位标志,CF=1
clc	清进位标志,CF=0
cmc	进位标志取反
cld	清方向标志,DF=0
std	置方向标志,DF=1
cli	关中断标志,IF=0,不允许中断
sti	开中断标志,IF=1,允许中断
CPU 控制类指令	
hlt	使处理器处于停止状态,不执行指令
wait	使处理器处于等待状态,TEST 线为低时,退出等待
esc	使协处理器从系统指令流中取得指令
lock	封锁总线指令,可放在任一条指令前作为前缀
nop	空操作指令,常用于程序的延时和调试

2.8 习 题

1. 选择题(请从以下各题给出的 A、B、C、D 四个选项中,选择一个正确的答案。)

(1) 通常我们将计算机指令的集合称为( )。

A. 指令系统　　　B. 汇编语言　　　C. 高级语言　　　D. 仿真语言

(2) CPU 中,指令指针计数器 ip 中存放的是( )。

A. 指令　　　　B. 指令地址　　　C. 操作数　　　D. 操作数地址

(3) 操作数直接存放在指令中,则它的寻址方式是( )。

A. 直接寻址　　　　　　　　　　B. 寄存器寻址

C. 寄存器间接寻址　　　　　　　D. 立即数寻址

(4) 一条指令中目的操作数不允许使用的寻址方式是( )。

A. 寄存器寻址　　　　　　　　　B. 立即数寻址

C. 寄存器间接寻址   D. 变址寻址

(5) 操作数地址的 16 位偏移量(又称有效地址 EA)直接包含在指令中,紧跟在操作码之后,存放在代码段区域的寻址方式是(　　)。

    A. 直接寻址   B. 立即寻址   C. 寄存器寻址   D. 基址寻址

(6) 8086/8088 可用于间接寻址的寄存器有(　　)个。

    A. 2   B. 4   C. 6   D. 8

(7) 直接寻址方式中,如果指令前面无前缀指明在那一段,则默认操作数存放在寄存器指定的(　　)段中。

    A. cs   B. ss   C. ds   D. es

(8) 采用(　　)方式时,允许在指令中指定一个 8 位或 16 位的偏移量,这样有效地址由一个基址或变址寄存器的内容加上一个偏移量来得到。

    A. 寄存器相对寻址   B. 相对变址加变址寻址

    C. 寄存器间接寻址   D. 变址加变址寻址

(9) 运算器在执行两个用补码表示的整数加法时,下面判断是否溢出的规则中正确的是(　　)。

    A. 两个整数相加,若最高位(符号位)有进位,则一定发生溢出

    B. 两个整数相加,若结果的符号位为 0,则一定发生溢出

    C. 两个整数相加,若结果的符号位为 1,则一定发生溢出

    D. 两个同号的整数相加,若结果的符号位与加数的符号位相反,则一定发生溢出

(10) 在 8086 微处理器的标志寄存器中,有可能受算术指令影响的标志位是(　　)。

    A. IF(中断标志)   B. DF(方向标志)

    C. OF(溢出标志)   D. TF(陷阱标志)

(11) 8086 微处理器字符串操作中,用来存放目的串偏移地址的寄存器是(　　)。

    A. bp   B. sp   C. si   D. di

(12) CPU 执行"out dx,al"指令时,(　　)的值输出到地址总线上。

    A. al 寄存器   B. ax 寄存器   C. dl 寄存器   D. dx 寄存器

(13) 8086 访问 I/O 端口的指令,常以寄存器间接寻址方式在 dx 中存放(　　)。

    A. I/O 端口状态   B. I/O 端口数据

    C. I/O 端口地址   D. I/O 端口控制字

(14) 下列指令中正确的是(　　)。

    A. mov bl,al   B. mov bl,ax

    C. mov bx,al   D. mov bl,bp

(15) 下列指令中不正确的是(　　)。

    A. mov bx,bp   B. in ax,03f8h

    C. rep movsb   D. shr bx,cl

(16) 下列指令中正确的是(　　)。

    A. mov 100,cl   B. mov cl,100h

    C. mov cl,1000   D. mov cl,100

(17) 下列指令中正确的是(　　)。

A. xchg ah,al　　　　　　　　　B. xchg al,20h

C. xchg ds,ax　　　　　　　　　D. xchg ds,es

(18) 下列指令正确的是(　　)。

A. in 100h,al　　　　　　　　　B. in al,100h

C. out 21h,ax　　　　　　　　　D. out 260h,ax

(19) 下列指令中正确的是(　　)。

A. add ax,bl　　　　　　　　　B. test ax,[bx]

C. and ax,[cx]　　　　　　　　D. cmp [si],[bx]

(20) 设(bx)=8d16h,执行下列指令序列后 bx 寄存器的内容是(　　)。

mov cl,7

sar bx,cl

A. 011ah　　　　B. 0ff1ah　　　　C. 2d1ah　　　　D. 0b00h

(21) 假设(ss)=2000h,(sp)=0100h,(ax)=2107h,执行指令 push ax 后,存放数据 21h 的物理地址是(　　)。

A. 20102h　　　　B. 20101h　　　　C. 200feh　　　　D. 200ffh

(22) 两个有符号的整数 a 和 b 比较后,为了判定 a 是否大于 b,应该使用下列(　　)条指令。

A. jg　　　　　B. ja　　　　　C. jnb　　　　　D. jnbe

(23) jmp far ptr abc(abc 是符号地址)是(　　)。

A. 段内间接转移　　　　　　　B. 段间间接转移

C. 段内直接转移　　　　　　　D. 段间直接转移

(24) 满足转移指令 jne 的转移测试条件是(　　)。

A. ZF=1　　　　B. CF=0　　　　C. ZF=0　　　　D. CF=1

(25) 将累加器 ax 的内容清零的正确指令是(　　)。

A. and ax,0　　　　　　　　　B. xor ax,bx

C. sub ax,bx　　　　　　　　　D. cmp ax,bx

(26) 逻辑移位指令 shr 用于(　　)。

A. 有符号数减 2　　　　　　　B. 有符号数除 2

C. 无符号数乘 2　　　　　　　D. 无符号数除 2

(27) 算术移位指令 sar 用于(　　)。

A. 有符号数减 2　　　　　　　B. 有符号数除 2

C. 无符号数乘 2　　　　　　　D. 无符号数除 2

(28) 设 al 和 bl 中都是有符号数,当 al≤bl 时转至 next 处,在 cmp al,bl 指令后选用正确的条件转移指令是(　　)。

A. jbe　　　　　B. jng　　　　　C. jna　　　　　D. jnle

(29) 使得 jb 指令执行转移操作的条件是(　　)。

A. CF=1　　　　　　　　　　B. CF=1 且 ZF=0

C. ZF＝0　　　　　　　　　　　　　D. CF＝0 或 ZF＝1

(30) 在"先判断后工作"的循环程序结构中,循环执行的次数是(　　)。

A. 1　　　　　　B. 0　　　　　　C. 2　　　　　　D. 不定

(31) 寄存器间接寻址方式中,操作数在(　　)中。

A. 通用寄存器　　　　　　　　　　B. 堆栈

C. 主存单元　　　　　　　　　　　D. 段寄存器

(32) 下面指令序列执行后的正确结果是(　　)。

mov　bx,0fffch

mov　cl,2

sar　bx,cl

A. 3fffh　　　　　　B. 0ffffh　　　　　　C. 0fffch　　　　　　D. 0fff5h

(33) 8086 微处理器存放当前代码段地址的寄存器是(　　)

A. cs　　　　　　B. ds　　　　　　C. es　　　　　　D. ss

(34) 编程人员不能直接读/写的寄存器是(　　)。

A. di　　　　　　B. cx　　　　　　C. si　　　　　　D. ip

(35) 循环程序设计中,在循环体的重复执行次数已知的情况下,一般采用(　　)方法来控制循环。

A. 正计数法　　　　　　　　　　　B. 倒计数法

C. 两者都不是　　　　　　　　　　D. 两者相同

(36) 下列指令执行后影响标志位的是(　　)。

A. jmp　　　　　　B. push　　　　　　C. mov　　　　　　D. sub

(37) 在下列指令中正确的是(　　)。

A. mov　1234h,ax　　　　　　　　B. mov　　cs,ax

C. push　al　　　　　　　　　　　D. mov　　ax,[bx]

(38) 下列指令错误的是(　　)。

A. mov　ax,1000h　　　　　　　　B. add　　[bx],[1000h]

C. mov　[bx],1000h　　　　　　　D. add　　ax,1000h

(39) 当 8086 访问端口 200h 时采用(　　)方式。

A. 直接寻址　　　　　　　　　　　B. 寄存器间接寻址

C. 立即数寻址　　　　　　　　　　D. 直接或寄存器间接寻址

(40) 执行 inc 指令后不受影响的标志位是(　　)。

A. CF　　　　　　B. OF　　　　　　C. SF　　　　　　D. ZF

(41) 在指令系统中,指令 sar 用到的计数寄存器是(　　)。

A. ax　　　　　　B. cx　　　　　　C. al　　　　　　D. cl

(42) 8086 系统中,下列指令错误的是(　　)。

A. mov　[bx],1000h　　　　　　　B. mov　　[bp],1000h

C. mov　[dx],1000h　　　　　　　D. mov　　ax,1000h

(43) 将寄存器 ax 的内容清零的正确操作是(　　　)。

A. and　ax,ax　　　　　　　　　　　B. or　ax, 0

C. or　ax,ax　　　　　　　　　　　　D. and　ax,0

(44) 字节变量 array 偏移地址(或有效地址)送寄存器 bx 的正确结果是(　　　)。

A. les　bx,array　　　　　　　　　　B. mov　bx,array

C. lea　bx,array　　　　　　　　　　D. lds　bx,array

(45) 设累加器 al 的低 4 位存放 1 位 10 进制数,高 4 位为 0,若需要将其转换为 ASCII 码,结果仍保存在 al 中,用 30h 对其进行下列操作,则其中错误的操作是(　　　)。

A."与"　　　　　　B."或"　　　　　　C."加"　　　　　　D."异或"

(46) 实现有符号数">="转移的指令是(　　　)。

A. jae/jnb　　　　　　　　　　　　　B. jbe/jna

C. jge/jnl　　　　　　　　　　　　　D. jg/jnle

(47) 在指令系统中,指令 loop 用到的计数寄存器是(　　　)。

A. ax　　　　　　　B. cx　　　　　　　C. al　　　　　　　D. cl

(48) 假设(al)=0e4h,执行 add al,0a5h 后,进位标志 cf 和符号标志 sf 的状态分别为(　　　)

A. 0,0　　　　　　　B. 0,1　　　　　　　C. 1,0　　　　　　　D. 1,1

(49) 执行指令 push　ax,堆栈指针寄存器 sp(　　　)。

A. 先减 2,再执行指令　　　　　　　　B. 先加 2,再执行指令

C. 先执行指令,再减 2　　　　　　　　D. 先执行指令,再加 2

(50) 不需要访问内存的寻址方式是(　　　)。

A. 立即寻址　　　　B. 直接寻址　　　　C. 间接寻址　　　　D. 变址寻址

(51) 算术右移指令执行的操作是(　　　)。

A. 符号位填 0,并顺次右移 1 位,最低位移至进位标志位

B. 符号位不变,并顺次右移 1 位,最低位移至进位标志位

C. 进位标志位移至符号位,顺次右移 1 位,最低位移至进位标志位

D. 符号位填 1,并顺次右移 1 位,最低位移至进位标志位

(52) 完成将累加器 al 清零,并同时使进位标志 CF 也清零,下面错误的指令是(　　　)。

A. mov al,00h　　　　　　　　　　　B. and al,00h

C. xor al,al　　　　　　　　　　　　D. sub al,al

(53) 下列寄存器组中,在段内寻址时可以提供偏移地址的寄存器组是(　　　)。

A. ax,bx,cx,dx　　　　　　　　　　B. bx,bp,si,di

C. sp,ip,bp,dx　　　　　　　　　　D. cs,ds,es,ss

(54) 不需要访问内存的寻址方式是(　　　)。

A. 立即寻址　　　　B. 直接寻址　　　　C. 间接寻址　　　　D. 变址寻址

(55) 含有立即数的指令中,该立即数被存放在(　　　)。

A. 累加器中　　　　　　　　　　　　B. 指令操作码后的内存单元中

C. 指令操作码前的内存单元中　　　　D. 由该立即数所指定的内存单元中

(56) 执行下列两条指令后,标志位 CF 为(　　)。

mov al, ffh

add al, 01h

A. 为 0　　　　　　　B. 变反　　　　　　　C. 为 1　　　　　　　D. 不变

(57) 查表指令 xlat 规定,待查表的首址应存入(　　)中。

A. bp　　　　　　　　B. si　　　　　　　　C. di　　　　　　　　D. bx

(58) 改变(　　)寄存器的值,可改变堆栈中栈顶元素的位置。

A. bp　　　　　　　　B. ip　　　　　　　　C. sp　　　　　　　　D. bx

(59) 加减类运算指令对标志位的状态(　　)。

A. 有影响　　　　　　B. 部分影响　　　　　C. 无影响　　　　　　D. 任意

(60) 欲从存储单元取某操作数,可采用(　　)。

A. 寄存器寻址、寄存器间接寻址

B. 立即寻址、直接寻址

C. 立即寻址、寄存器间接寻址

D. 寄存器间接寻址、直接寻址

2. 判断题(判断对错,在括号内打√或×)

(1) 一条指令只能包含一种寻址方式。　　　　　　　　　　　　　　　　(　　)

(2) 同一地址即可以看作是字节单元的地址,也可以看作是字单元的地址。(　　)

(3) 一个字存入存储器需要占用连续的两个字节,低位字节存入相对低地址,高位字节存入相对高地址。

(4) 在对 I/O 寻址方式中,当端口地址大于 255 时,须事先将端口地址存放在 dx 中。

　　　　　　　　　　　　　　　　　　　　　　　　　　　　　　　　(　　)

(5) 因为 8086 的地址线为 20 根,物理地址是 20 位,段寄存器中存放的是段的首地址,所以段寄存器是 20 位。　　　　　　　　　　　　　　　　　　　(　　)

(6) 对于 8086,访问堆栈中的内容只能使用堆栈指针 sp。　　　　　　(　　)

(7) 8086 系统在执行压入堆栈操作时先将数据进栈,然后堆栈指针寄存器 sp 内容减 2。

　　　　　　　　　　　　　　　　　　　　　　　　　　　　　　　　(　　)

(8) 堆栈是一种按照后进先出原则组织的存储器空间,当用 push 指令压栈时,必须以字为单位。　　　　　　　　　　　　　　　　　　　　　　　　　　(　　)

(9) 8086 系统在执行压入堆栈操作时先将数据进栈,然后堆栈指针寄存 sp 内容加 2。

　　　　　　　　　　　　　　　　　　　　　　　　　　　　　　　　(　　)

(10) 实现用 100 减去 al 中的内容,可用指令 sub 100,al 实现。　　　(　　)

(11) xor bx,bx 指令实现了将 bx 寄存器的内容清零。　　　　　　　　(　　)

(12) 两个段寄存器之间不允许直接传送数据。　　　　　　　　　　　　(　　)

(13) 对种类不同的计算机,其机器指令系统是不相同的。　　　　　　　(　　)

(14) 一条指令必须包含两种寻址方式。　　　　　　　　　　　　　　　(　　)

(15) 执行 loop 指令时,先对 cx 计数器的值进行判断,然后 cx−1。　　(　　)

(16) 外存中的数据不能直接进入 CPU 被处理。　　　　　　　　　　　(　　)

（17）寄存器寻址其运算速度相对其他寻址方式快。 （　　）

（18）sp 的内容总是指向堆栈的栈顶。 （　　）

（19）若地址总线为 20 位，则最大访存空间为 2m。 （　　）

（20）当运算结果各位全部为零时，标志 ZF=1。 （　　）

（21）段内转移指令执行结果要改变 ip、cs 的值。 （　　）

（22）汇编语言是面向机器的，不同种类的计算机，其机器指令系统不同。 （　　）

（23）比较两个带符号数的大小，可根据 CF 标志来判断。 （　　）

（24）bp 寄存器可以指向堆栈的任何地址。 （　　）

（25）立即数不能直接给段寄存器赋值。 （　　）

（26）无条件转移指令只能用于段内直接转移。 （　　）

（27）mov ax，[bp]的源操作数的物理地址为 16 * (ds)+(bp)。 （　　）

（28）指令 mov di，offset [bx][si]是正确的。 （　　）

（29）指令 mov cs，bx 是非法的。 （　　）

（30）两个符号相同的数相减不会产生溢出。 （　　）

（31）jmp short next 称为近转移。 （　　）

（32）条件转移指令只能使用于段内直接短转移。 （　　）

（33）所有的条件转移指令都不影响标志位。 （　　）

（34）SP 寄存器可以指向堆栈的任何地址。 （　　）

3. 填空题(对以下各题，请在留出空格的位置中，填入正确的答案)

（1）计算机内的堆栈是一种特殊的数据存储区，对它的存取采用_____原则。

（2）操作数中不能作为目的操作数的是_____、_____。

（3）计算机指令主要由两个部分组成，其中_____主要用来指出计算机应执行何种操作，_____指出该指令所操作(处理)的对象所在的存储单元的地址。

（4）在指令执行过程中，操作数可能在_____中，也可能在 CPU 的_____中，还可能在_____的某个单元中。

（5）寻址方式是指令中用于说明操作数所在地址的方法。操作数紧跟在操作码之后，直接放在指令中，这种寻址方式称为_____。

（6）操作数在 CPU 的内部寄存器中，寄存器名由指令指出，这种寻址方式称之为_____。

（7）寄存器间接寻址的操作数在_____中，操作数地址的 16 位偏移量包含在寄存器 bx、bp、si 和 di 中。

（8）将一个基址寄存器的内容加上一个变址寄存器的内容形成操作数的有效地址，这种寻址方式称为_____。

（9）8086 指令系统中使用 ES 作默认数据段的指令属于_____类指令。

（10）在 80X86 微处理器中，指令分配给寄存器 sp 的默认段寄存器是_____。

（11）设堆栈指针（sp）= 2200h，此时若将 ax、bx、cx、dx 依次推入堆栈后，(sp)=_____。

(12) 80x86 微机的输入输出指令中,I/O 端口号通常是由 dx 寄存器提供的,但有时也可以在指令中直接指定。可直接由指令指定的 I/O 端口范围在_____ h～_____ h 之间。共有_____个端口号。

(13) 若寄存器 ax 中的内容为 4142h,执行指令 cmp ax,4041h 后,(ax)=_____ h。执行 sub ax,4041h 后,(ax)=_____ h。

(14) 如果累加器 ax 中的内容为 1fffh,执行指令 test ax,8000h 后,(ax)=_____ h;若执行指令 and ax,8000h 后,(ax)=_____。

(15) 在除法指令 idiv bx 中,被除数隐含为_____。

(16) 在乘法指令 mul word ptr[bx]中,被乘数隐含为_____,乘积在_____中。

(17) 若 al 中的内容为 7dh,下列指令单独执行后 al 为:

指令 and al,0fh 后,(al)=_____;

指令 and al,0f0h 后,(al)=_____;

指令 or al,0fh 后,(al)=_____;

指令 or al,0f0h 后,(al)=_____;

指令 xor al,0fh 后,(al)=_____;

指令 xor al,0f0h 后,(al)=_____;

(18) 执行 xlat 指令前,要将表的首地址放在_____中,表内偏移地址放在_____。

(19) 若 (al)=24h,(cl)=8,CF=1,执行 rol al,cl 指令后 al=_____,CF=_____。

(20) 若 (al)=34h,(cl)=4,CF=0,执行 rcl al,cl 指令后 al=_____,CF=_____。

(21) 执行指令 jae 后,欲使程序跳转,条件为_____。

(22) 已知程序段如下:指令执行后,完成填空。

mov ax,1234h ;(ax)=_____ h,CF=_____,SF=_____,ZF=_____。

mov cl,4

rol ax,cl ;(ax)=_____ h,CF=_____,SF=_____,ZF=_____。

dec ax ;(ax)=_____ h,CF=_____,SF=_____,ZF=_____。

mov cx,4

mul cx ;(ax)=_____ h,CF=_____,SF=_____,ZF=_____。

int 20h

(23) 假设(bx)=0e3h,变量 value 中存放的内容为 76h,确定下列各条指令单独执行后的结果。

xor bx,value ;(bx)=_____ h

and bx,value ;(bx)=_____ h

or bx,value ;(bx)=_____ h

xor bx,0ffh ;(bx)=_____ h

and bx,0 ;(bx)=_____ h

test   bx,01h   ;(bx)=＿＿＿＿＿＿＿＿ h

（24）条件转移指令的目标地址应在本条指令的下一条指令地址的＿＿＿范围内。

（25）一个有 16 个字的数据区，它的起始地址为 70a0:ddf6，那么该数据区的最后一个字单元的物理地址为＿＿＿＿＿＿ h。

（26）指令 sar 可以用来实现对＿＿＿＿＿＿＿数除以 2。

（27）当一个带符号数大于 0fbh 时程序转移，需选用的条件转移指令是＿＿＿＿。

（28）假设(ss)＝2250h,(sp)＝0140h,如果在堆栈中存入 5 个数据,则栈顶的物理地址为＿＿＿＿。

（29）对于字节乘法指令,其目的操作数存放在＿＿＿＿＿＿中,而其源操作数可以用立即数以外的任何一种寻址方式。其乘积为＿＿＿＿＿＿位,应存放在＿＿＿＿＿中。

（30）对于字除法指令,目的操作数存放在＿＿＿＿＿＿中,指令执行后,商放在＿＿＿＿＿,余数在＿＿＿＿＿中。

（31）换码指令 xlat 完成的操作是＿＿＿＿＿。它经常用于把一种代码转换成为另一种代码。

（32）存储器堆栈中,需要一个＿＿＿＿＿＿＿,它是 CPU 中的一个专用寄存器,指定的就是堆栈的＿＿＿＿＿＿。

（33）与指令 LEA   BX, BUF 功能相同的指令是＿＿＿＿＿＿＿＿＿＿。

（34）程序运行,需要一个＿＿＿＿＿＿寄存器,它是 CPU 中的一个专用寄存器,总是指向下一条指令＿＿＿＿＿＿地址。

（35）8086/8088 中,某单元只能有一个＿＿＿地址,但可以有多个＿＿＿地址。

（36）当前正在执行的指令地址保存在 CPU 的＿＿＿＿＿＿＿＿寄存器中;运算结果进位标志保存在 CPU 的＿＿＿＿＿＿＿＿寄存器中。

（37）8086 的 9 个标志位分为＿＿＿＿＿＿＿＿＿＿＿两大类,二者的主要区别是＿＿＿＿＿＿＿＿＿＿＿＿＿。

（38）8086 CPU 通过＿＿＿＿＿＿寄存器和＿＿＿＿＿＿＿寄存器能准确找到指令代码。

（39）指令 sar 可用来＿＿＿除以 2,而指令 shr 则可用来＿＿＿除以 2。

（40）把 A 和 B 两个寄存器的内容进行异或运算,若运算结果是＿＿＿那么 A、B 寄存器的内容必定相同。

4. 简答题

（1）试述指令 lea   ax,[2000h] 和 mov   ax,[2000h]的区别?

（2）指令语句 mov   ax,opd1 and opd2 中,opd1 和 opd2 是两个已赋值的变量,问 CPU 执行的是什么指令? 汇编程序(masm)完成的什么运算?

（3）若 al＝98h,bl＝8bh。求执行指令 sub   al,bl 后,al、SF、CF、ZF、OF 各等于多少?

（4）简述 and   ax,0 指令所完成的功能。能够用其他的逻辑指令完成该功能吗? 如果可以请写出实现同样功能的指令。

（5）指令 sub   bl,6 与 cmp   bl,6 这两条指令的区别是什么? 若 bl＝8,分别执行上述两条指令后,SF、CF、ZF、OF 各等于多少?

(6) 指令 out　dx,al,请说明 dx 中的内容和 al 中的内容各是什么含义?

(7) 要想完成把[8000h]的一个字送到[9000h]中,用指令

```
        mov  [9000h],[8000h]
```

是否正确? 如果不正确,应用什么方法?

(8) 8086 系统,在某汇编语言源程序中有指令 mov:dec　cx。但在汇编时对该指令报错,错在哪里?

(9) 指出下列指令中源操作数的寻址方式。

```
    mov   ax,1234h
    add   ax,[si]
    sub   ax,[bx + 2]
    xchg  ax,bx
    adc   ax,2[bx][di]
```

(10) 8086 系统,在某汇编语言源程序中有指令 ror　ax,4。但在汇编时对该指令报错,错在哪里?

(11) 什么是堆栈? 它的工作原则是什么? 它的基本操作有哪两个? 对应哪两种指令?

(12) 试根据以下要求写出相应的汇编语言指令。

① 把 bx 寄存器和 dx 寄存器的内容相加,结果存入 dx 寄存器中。

② 用寄存器 bx 和 si 的基址变址寻址方式把存储器中的一个字节与 al 寄存器的内容相加,并把结果送到 al 寄存器中。

③ 用 bx 寄存器和位移量 0b2h 的寄存器相对寻址方式把存储器中的一个字和(cx)相加,并把结果送回存储器中。

④ 用位移量 0524h 的直接寻址方式把存储器中的一个字与数 2a59h 相加,并把结果送回该存储单元中。

⑤ 把数 0b5h 与(al)相加,并把结果送回 al 中。

(13) 用两种方法写出从 88h 端口读入信息的指令。再用两种方法写出从 42h 端口输出 100h 的指令。

(14) 根据下列要求写出相应的指令。

① 用四种方法将 ax 寄存器清零。

② 使 dx 寄存器的高 3 位置 1,其余位不变。

③ 使 bl 寄存器的低 4 位为 0,其余位不变。

④ 使 dx 寄存器中与 cx 中的对应位不相同的均置 1,相同位清 0。

⑤ 用三条指令使 dx:ax:bx 中的 48 位字长数乘以 2。

(15) 将+46 和−38 分别乘以 2,可应用什么指令来完成?

(16) 设寄存器 al,bl,cl 中内容均为 76h。

```
xor al,0fh
and bl,0fh
or cl,0fh
```

执行上述指令序列后,al、bl、cl 各等于多少?

(17) 基本的寻址方法有哪几种？试比较这几种寻址方式的指令执行速度的快慢。

(18) 循环指令中 cx 的作用有哪些？

5. 分析与编程

(1) 分析下面的程序，回答指定的问题。

```
start：  xor   ax,ax
         mov   cx,10
         mov   bx,2
lop1：   add   ax,bx
         inc   bx
         inc   bx
         dec   cx
         jnz   lop1
         mov   sum,ax
         ...
```

问：该程序完成的功能是什么？程序执行完后，sum 单元的内容是什么？

(2) 执行下面程序段后，(cx)＝?，ZF＝?

```
clc
mov   cx , 0ffffh
inc   cx
```

(3) 已知初值(ax)＝0f119h。执行下列程序段后，(ax)＝?，CF＝?

```
add    al,ah
xchg   al,ah
adc    al,34h
xchg   ah,al
```

(4) 下列程序段实现了什么功能？

```
mov   cx,26
mov   dl,´a´
lab1:push  dx
mov   ah,02h
int   21h
pop   dx
inc   dx
loop  lab1
...
```

(5) 写出完成下述功能的程序段：

① 从地址 ds:0012h 中传送一个数据 56h 到 al 寄存器；

② 将 al 中的内容左移两位；

③ al 的内容与字节单元 ds:0013h 中的内容相乘；

④ 乘积存入字单元 ds:0014h 中。

第3章 伪指令及汇编语言源程序结构

与高级语言源程序的编辑、编译和连接过程类似,汇编语言程序的开发也是先利用某种编辑器编写汇编语言源程序(＊.asm),然后经汇编得到目标模块文件(＊.obj),最后连接后形成可执行文件(＊.exe)。

一般程序设计语言的源程序除了程序主体之外,还有相应的变量、类型、子程序等说明部分。汇编语言源程序也不只是由指令系统中的指令组成,程序中一般还有存储模式、主存变量、子程序及段定义等很多不产生 CPU 动作的说明性工作并在程序执行前由汇编程序完成处理,这些工作由被称为说明性(Directive)的语句完成,又称为伪指令。指令系统中的指令是在程序的执行过程中由 CPU 完成的。汇编语言源程序中仅有指令语句是不够的,也不完善,所以,本章的重点是系统地学习伪指令。

3.1 汇编语言语句格式

汇编语言源程序由汇编语言语句组成,与高级语言的语句相比,汇编语言的语句比较简单。本节介绍语句格式及主要组成部分——表达式。

3.1.1 语句的种类和格式

1. 语句的种类

汇编语言有两种类型的语句,一种是指令语句,另一种是伪指令语句。汇编程序在对源程序进行汇编时,把指令语句翻译成机器指令,也就是说,指令语句有着与其对应的机器指令。伪指令语句没有与其对应的机器指令,只是指示汇编程序如何汇编源程序,如符号的定义、变量的定义、段的定义等。

2. 语句的格式

指令语句和伪指令语句的格式是相似的,都由四个部分组成。

指令语句的格式如下:

　　　　[标号:] 指令助记符 [操作数[,操作数]] [;注释]

我们在 2.1.1 节中已经对指令的格式作过简要的说明。其中操作数可以是常数(数值表达式)操作数、寄存器操作数(寄存器名)或者存储器操作数(地址表达式)。

伪指令语句的格式如下:

　　　　[名字] 伪指令定义符 [参数,…,参数] [;注释]

伪指令定义符规定了伪指令的功能。一般伪指令都有参数,用于说明伪指令的操作对象,参数的类型和个数随着伪指令的不同而不同。有时参数是常数(数值表达式),有时参数是一般的符号,有时是具有特殊意义的符号。伪指令语句中的名字有时是必须的,有时是可省的,这也与具体的伪指令有关。在汇编语言源程序中,名字与标号很容易区分,名字后没有冒号,而标号后一定有冒号。

3.1.2 数值表达式

在汇编语言中,不仅有各种类型的运算符,还有许多操作符。通过运算符、操作符及括号把常数和符号连起来,就得到表达式。表达式又分为数值表达式和地址表达式。指令语句中的操作数和伪指令语句中的参数在许多场合下只是数值表达式。所谓数值表达式是指在汇编过程中能够由汇编程序计算出数值的表达式。所以组成数值表达式的各部分必须在汇编时就能完全确定。

标号和变量可以作为数值表达式中的符号,由符号说明伪指令或符号定义伪指令语句说明或定义的符号。下面先介绍常数和运算符。

1. 常数

常数有多种类型和表示方式,常用的类型和表示方式如下。

(1) 十进制常数

由若干个 0~9 的数字组成的序列,可以用字母 d 结尾,例如 1024d。通常情况下,常数用十进制数表示时,省略字母 d。

(2) 十六进制常数

由若干个 0~9 的数字或字母 a~f 所组成的序列,必须以字母 h 结尾。为了避免与普通符号(如标号、名字和保留字)相混淆,十六进制数必须以数字开头。所以,凡是以字母 a~f 开头的十六进制数,必须在前面加一个 0,在汇编语言中,十六进制数用得较普遍。例如:

```
and  bl,0f0h
or   ax,8080h
```

(3) 二进制常数

由若干个 0 和 1 组成的序列,必须以字母 b 结尾。在汇编语言程序设计中,有时用二进制数更直观,如在测试指令中。

```
test bl,00110100b
or   al,11001010b
```

(4) 字符串常数(串常数)

一个字符串常数是用引号括起来的一个或多个字符。串常数的值是包含在引号中的字符的 ASCII 码值。例如,'A' 的值是 41h,'ab' 的值是 6261h。因此,串常数与整常数有时可以交替使用。例如:

```
cmp  al,´a´等价于 cmp  al,61h
mov  varw,´ab´等价于 mov  varw,6261h
```

2. 算数运算符

算术运算符包括＋、－、*(乘)、/(整除)、mod(求余)等。算数运算可以应用于操作数,结果也是数。这些算数运算符的意义与高级语言中相同运算符的意义相似。例如:

```
add   ax,100 * 4 + 2
sub   cx,100h/2
mov   al, - 3
```

3. 关系运算符

关系运算符包括 gt(大于)、ge(大于或等于)、lt(小于)、le(小于或等于)、eq(等于)和 ne(不等于)。关系运算的结果只有两个值:关系式成立(真)为全 1;关系式不成立(假)为全 0。例如:

```
mov  ax,1234h    gt  1024h
mov  bx,1234h + 5   lt  1024h
```

汇编后,目标程序中对应上述语句的指令如下:

```
mov  ax,0ffffh
mov  bx,0
```

4. 逻辑运算符

逻辑运算符包括按位操作的 and(与)、or(或)、xor(异或)、nor(非)等(这里所述的逻辑运算符与逻辑指令不同,逻辑指令完成的逻辑运算是在执行程序时完成的,而这里的逻辑运算是在汇编过程由汇编程序完成的)。逻辑运算的结果是数值。例如:

```
mov  al,25h and 19h
```

汇编后,目标程序对应的语句为:

```
mov  al,01h
```

5. 分析运算符 seg、offset、type、size 和 length

分析运算符也称为数值回送操作符,原因是这些操作符把一些特征或存储器地址的一部分作为数值回送。

(1) seg

一般格式:

seg 变量或标号

功能:回送变量或标号所在的段地址。例如:

```
mov  ax,seg val
mov  es,ax
```

两条语句将变量 val(符号名)所在段的段值送到 es 寄存器中。

(2) offset

一般格式:

offset 变量或标号

功能:回送变量或标号所在段的段内偏移地址值。例如:

```
mov  bx,offset val
```

汇编程序将变量 val 的偏移地址作为立即数送给 bx,所以这条指令与 lea bx,val 是等价的。

(3) type

一般格式:

type 变量或标号

功能:回送变量或标号的类型值。

操作符返回一个表示存储器操作数类型的数值(以字节数表示)。各种存储器操作数类型与类型值的对应关系如表 3-1 所示。

表 3-1　存储器操作数的类型属性及返回值

变量的类型	类型值	标号的类型	类型值
字节	1	near	−1
字	2	far	−2
双字	4		

(4) length

一般格式:

length 变量

功能:length 后只能跟变量,length 的返回值规定如下:若变量定义时用了 dup 重复次数则为重复次数,否则均为 1。若嵌套使用 dup,则只送回最外层的重复次数。

(5) size

一般格式:

size 变量

功能:size 的返回值是 length 值和 type 值的乘积。

6. 组合运算符

组合运算符有 6 个:short(短)、ptr(属性)、段超越、this(当前位置)、high 和 low(字节分离)。short 和段超越第 2 章已经做了简单介绍,这里只介绍 ptr 属性操作符和 this 操作符。

(1) 属性操作符 ptr

一般格式:

类型 ptr 表达式

功能:用来给指令中的操作数指定一个临时属性,而暂时忽略原来的属性。

在使用时,一般忽略操作数原来的类型属性(字节或字及 near 或 far),而以一个临时的类型属性访问存储单元。

val 已经定义成字单元变量。若我们想取出它的第一个字节内容,则可用 ptr 对其作用,使它暂时改变为字节单元,即

```
mov  al,byte ptr  val
```

当操作数的类型不确定时,也需要通过 ptr 来确定。例如:

```
mov  byte  ptr [si],1
```

上述指令,如果没有用 ptr 属性操作符说明目的操作的属性是 byte,那么该单元的属性不确定,就会有语法错误。

(2) this

一般格式:

this 类型

功能:this 可以像 ptr 一样建立一个指定类型 byte、word、dword 或 near、far 的地址操作数。该操作数的段地址和偏移地址与下一个存储单元地址相同。例如:

```
val1  equ  this  word
val2  db  1,2,3
```

val1 和 val2 指向同一个内存单元,val1 是字类型的变量,val2 是字节类型变量。

3.2 伪 指 令

伪指令没有对应的机器指令,它不是由 CPU 来执行,而是由汇编程序(masm.exe)来识别,并完成相应的功能,一般称其为汇编命令。masm 中允许使用的伪指令相当丰富,必须弄清楚这些伪指令的功能及其用法,才能编制出高质量的汇编语言源程序。

3.2.1 数据定义伪指令(变量定义)

数据定义的伪指令有 5 个:db(定义字节)、dw(定义字)、dd(定义双字)、dq(定义 8 字节)和 dt(定义 10 字节)。

一般格式:

[变量名] 助记符 初值表

功能:根据定义类型的不同,为变量分配存储单元,并且把其后的初值表中各项值存入连续的指定存储单元中,或者只分配单元而不存入确定的值。

初值表中的各项可以是数值、字符串、标号名或变量名、表达式,可以使用 dup 重复;也可以嵌套使用 dup。

db:定义字节,即初值表中的每个数据项占 1 个字节单元。

dw:定义字,即初值表中的每个数据项占 1 个字单元(2 个字节)存放。且低字节存放在低地址单元;高字节存放在高地址单元。

dd:定义双字,即初值表中的每个数据项占 2 个字单元(4 个字节)存放。且低字部分在低地址,高字部分在高地址。

dq:定义 4 字长,即每个数据项占 8 个字节。

dt:定义 10 个字节长,即每个数据项占 10 个字节。

【例 3.1】 根据下面的数据定义画出变量的内存分配示意图。

```
dat   db   100,2*4,
      db   0dh,0ah,´$´
buf   dw   1234h,88h,09abh
```

如图 3-1 所示,汇编后定义的各种类型变量的初值在内存空间均依次存放;无论是十进制数、十六进制数;还是字符串、表达式,汇编后都是以二进制数或二进制数的编码形式存放在内存中(图中用十六进制数表示)。

当定义的存储区内的每个单元要放置同样的数据时,可用 dup 重复操作符。

一般格式:

count dup(?)

count 为重复的次数,"( )"中为要重复的数据。

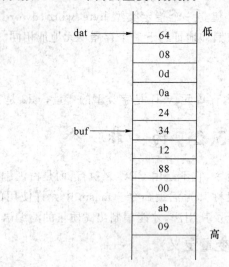

图 3-1 例 3.1 内存分配示意图

【例 3.2】 data1 db 3 dup(0)

data2 dw 7,?,8

? 表示在占用一个单元,没有存放初值。如果是用 db 来定义的,一个"?"就占用一个字节单元,如果是 dw 来定义的,一个"?"表示占用一个字单元(2 个字节)。如果是 dd 来定义的,一个"?"表示占用一个双字单元(4 个字节)。上述两条数据定义指令汇编后内存分配如图 3-2 所示。

dup 可以嵌套使用,例如:

buf db 2 dup(3,5,2 dup(10h),35h),24

该数据定义汇编后内存分配如图 3-3 所示。

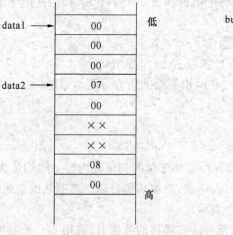

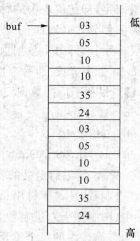

图 3-2 例 3.2 内存分配示意图   图 3-3 内存分配示意图

3.2.2　符号常量定义伪指令 equ 和＝

在设计汇编语言程序时,往往在程序中会多次出现同一个表达式或数值常量,为了方便起见,可用符号常量定义伪指令给表达式赋一个符号名,这样在程序设计中凡需要用到该表达式的地方就可以用符号名来替代。

一般格式:

常 量 名　equ　(或＝)　表达式

功能:将表达式值赋给符号常量名。例如:

times　equ　50
data　db　times　dup(?)

上述两个语句实际等效于下面一条语句:

data　db　50　dup(?)

"＝"伪指令与 equ 的主要区别是:equ 不可再定义,＝可再定义,＝后面的表达式只能是数值,equ 后面的表达式可以是字符表达式。

3.2.3　段定义伪指令 segment 和 ends

80X86 系统存储器采用分段管理,为了与存储器的分段结构相对应,汇编语言的源程序也由若干段组成。段定义语句就是用来按段组织程序和利用存储器。存储器逻辑段的完整定义通过 segment 和 ends 这一对伪指令实现。

一般格式:

　　＜段名＞　segment　[定位类型][组合类型][类别]

　　……(段体)

　　＜段名＞　ends

功能:定义汇编语言源程序中的某一段。

segment 和 ends 应成对使用,其中段名不可默认。segment 后面的属性参数是可选项。完整段定义伪指令可以指定段属性,段属性主要用于多模块的程序设计中,单模块程序一般不必考虑这些属性。

[定位类型]:指定逻辑段在主存储器中的边界,即定位类型告诉汇编程序当前段与上一个段如何衔接。有下列选项:

byte 表示当前段紧接上一段,即字节边界。

word 表示当前段从上一段结束后的偶数地址开始(能被 2 整除的地址),即字边界。

dword 表示当前段从上一段结束后可被 4 整除的地址开始,即双字边界。

para 表示当前段从上一段结束后可被 16 整除的地址开始,即段边界。

page 表示当前段从上一段结束后可被 256 整除的地址开始,即页边界。

[组合类型]:指定多个逻辑段之间的关系,有下列选项:

private 表示本段与其他段没有逻辑关系,不与其他段合并,每段都有自己的段地址。

public 表示本段与同名同类型的其他段相邻地连接合成一个物理段,具有共同的段地址。

stack 表示本段是堆栈的一部分,所有 stack 段按照与 public 段的同样方式进行合并组合,主要用于多个模块组成的程序。每个模块对应一段程序,可以具有同名的逻辑段。利用段组合属性,这些同名的逻辑段实现了合并。堆栈段必须具有 stack 组合属性,其他段默认为 private 组合属性。

[类别]表示指定逻辑段的类型。当连接程序组织段时,将所有的同类段相邻分配。类别可以是任意名称,但必须位于单引号中;大多数汇编语言源程序使用'code'、'data'和'stack'来分别指名代码段、数据段和堆栈段,以保持所有代码和数据的各自连续。

一个完整汇编语言程序中可定义段的个数不受限制,但同时起作用的段最多只有四个(因为有四个段寄存器)。代码段中主要是指令,可以有伪指令。但各种数据段中不能有指令;只能有伪指令,即使有指令也不可能得到执行,因为用来控制程序执行流程的是 cs:ip,即指令必须放在代码段才能得到执行。

例如,定义一个 20 个字单元的数据段和一个堆栈段:

```
data    segment
        dw  20  dup(?)
data    ends
sseg    segment    stack
        db  1024   dup(?)
sseg    ends
```

segment 伪指令说明一个逻辑段的开始,ends 伪指令表示段的结束,段名是有效的标识符。其中 sseg 段为堆栈段。

3.2.4　设定段寄存器伪指令 assume

建立逻辑段与段寄存器的对应关系,完整段定义伪指令声明逻辑段的名字及其属性,它必须配合 assume 语句指明逻辑段的类型。assume 伪指令的一般格式:

　　assume 段寄存器:段名[,段寄存器:段名,…]

assume 伪指令通知汇编程序,汇编时段寄存器 cs、ds、ss 和 es 应具有的符号段基址,以便汇编时确定段和建立错误信息。汇编程序用指定的段寄存器来寻址对应的逻辑段,即建立段寄存器与段的默认关系。在明确了程序中各段与段寄存器之间的关系后,汇编程序会根据数据所在的逻辑段,在需要时自动插入段超越前缀。assume 伪指令指定逻辑段与段寄存器的关系,但并不为段寄存器设定初值。程序中如果使用数据段或附加段,需要明确对 ds 和 es 赋值。只要正确书写源程序,cs、ip 和 ss、sp 值将会由连接程序正确设置。例如:

```
date    segment
buf db  20  dup(?)
date    ends
code    segment
        assume   cs:code,ds:date
        mov  ax,date            ;data 段值送 ax
        mov  ds,ax              ;ax 内容送 ds,ds 才有实际段值
        ⋮
code    ends
```

当程序运行时,由于 DOS 的装入程序负责把 cs 初始化成正确的代码段地址,但是,在

装入程序中 ds 寄存器由于被用作其他用途,因此,在用户程序中必须用两条指令对 ds 进行初始化,以装入用户的数据段地址。当使用附加段时,也要用 mov 指令给 es 赋段地址。

3.2.5 org 伪指令

用定位伪指令控制数据或代码所在的偏移地址。汇编语言程序中 org 伪指令可在数据段使用,也可在代码段使用。

一般格式:

$$\text{org} \quad <表达式>$$

功能:规定了在某一段内,程序或数据存放的起始偏移地址。

一般定义的变量或书写的程序在没有说明的情况下,都从当前段偏移地址 0 开始存放,org 伪指令使得数据或程序从指定的偏移地址开始存放。例如:

org 100h

从 100h 处安排数据或程序

org $＋10

使偏移地址加 10,即跳过 10 个字节空间。在汇编语言程序中,符号"＄"表示当前偏移地址值。

例如,某数据段的内容定义如下:

```
data    segment
        buf1   db   23,56h,´eof´
               org   2000h
        buf2    db´string´
data   ends
```

上述变量定义中,buf1 从 data 段偏移地址为 0 的单元开始存放,而 buf2 则从 data 段偏移为 2000h 的单元开始存放,两者不是连续存放的。

3.2.6 汇编结束伪指令 end

该伪指令表示源程序的结束,令汇编程序停止汇编。因此,任何一个完整的源程序均应有 end 指令。

一般格式:

$$\text{end} \quad [表达式]$$

其中,表达式表示该汇编程序的启动地址。

3.2.7 过程定义伪指令 proc 和 endp

在程序设计中,可将具有一定功能的程序段设计为一个过程(相当于一个子程序),它可以被别的程序调用。一个过程由伪指令 proc 和 endp 来定义。

一般格式:

```
<过程名>  proc  [类型]
              过程体
        ret
<过程名>  endp
```

其中,过程名是为过程所起的名称,不能省略,过程的类型由 far(远过程,为段间调用)和 near(近过程,为段内调用)来确定,如果类型为默认,则该过程就默认为近过程。endp 表示过程结束。过程体内至少应有一条 ret 指令,以便返回被调用处。过程可以嵌套,也可以递归使用。

3.3　汇编语言的上机过程

一般来说,从汇编语言源程序的编写到形成一个可以直接在计算机上运行的可执行文件需要经过四个步骤:编辑、汇编、连接和调试。

3.3.1　汇编语言源程序基本框架

用汇编语言编写程序有两种基本框架。一种是完整段定义框架,另一种是简化段定义框架。完整段定义框架是 8086/8088 最常用的结构。

完整段定义框架如下:

```
stack   segment   stack    ;定义堆栈段
                    ⋮
stack   ends
data    segment            ;定义数据段
                    ⋮
data    ends
code    segment            ;定义代码段
        assume  cs:code,ds:data,ss:stack
        start:  mov   ax,data
                mov   ds,ax      ;数据段段地址送 ds 中
                    ⋮
                mov   ah,4ch     ;程序结束返回 dos
                int   21h
code    ends                     ;代码段结束
        end   start
```

以上段定义结构中,数据段和堆栈段用来定义数据,代码段存放指令。在程序设计中根据题意定义数据段、堆栈段、附加段,代码段最少有一个。

【例 3.3】　编程完成计算 $(x+125-x \times y) \div z$,设 x、y、z 为 16 位有符号的字变量,计算后将商存入 x,余数存入 y 中。假设 $x=3$、$y=4$、$z=10$。

```
stack   segment stack    ;定义堆栈段
        dw   100h dup(?)
stack   ends
dat     segment          ;定义数据段
  x  dw   3
```

```
    y   dw   4
    z   dw   10
dat ends
cod segment
       assume  ss:stack,ds:dat,cs:cod
start:mov  ax,dat        ;数据段地址送 ds 中
       mov   ds,ax
       mov   ax,x         ;乘数 x→ax
       imul  y            ;x×y→dx:ax
       mov   cx,ax
       mov   bx,dx        ;x×y 的结果暂存到 bx:cx
       mov   ax,x         ;x→ax
       cwd               ;将 ax 转换成双字→dx:ax
       add   ax,125       ;x+125→ax
       adc   dx,0
       sub   ax,cx        ;低 16 位减
       sbb   dx,bx        ;高 16 位减,(x+125-x×y)→dx:ax
       idiv  z            ;(x+125-x×y)÷z,商→ax,余数→dx
       mov   x,ax         ;商→x
       mov   y,dx         ;余数→y
       mov   ah,4ch       ;程序结束返回 dos
       int   21h
   cod  ends
       end start
```

3.3.2 汇编语言的上机过程

汇编语言程序的开发过程是指人们将用汇编语言编写的源程序装入系统,并经过调试与运行,得出正确结果的过程。如图 3-4 所示。

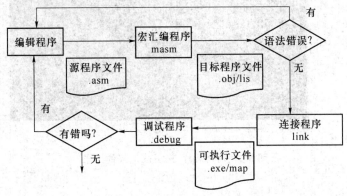

图 3-4 汇编语言程序的开发过程

汇编语言上机的整个过程包括以下几个阶段。

1. 编辑汇编语言源程序

程序设计人员可以选择一种自己熟悉的文本编辑软件,输入并编辑一个汇编语言的源程序。要求编辑完成的文件扩展名一定是.asm。源程序按段组织。为便于程序的阅读和分析,语句的书写按各个字段对齐排列。

一般汇编语言比较常用的编辑软件是 DOS 操作系统下的 edit.com。进入 DOS 状态的方法视不同的操作系统而有所不同,如对于 Windows 2000/XP,单击桌面上的"开始",选择"程序",然后选择"附件"中的"命令提示符";或者选择"运行",然后在"运行"对话框中输入命令"cmd"或"command",进入 DOS 状态。

进入 DOS 状态后可以用"Alt+Enter"组合键在窗口状态和全屏幕状态之间进行切换。具体操作可参照实验教材《汇编语言程序设计案例式实验指导》。

2. 汇编

汇编的方法是在 DOS 操作系统状态下直接调用 masm 宏汇编程序,其格式为:

masm ［［盘符］［路径］文件名 ］;建议源程序文件名不要省略

源程序经过汇编(masm)后,可以生成三个文件:扩展名为.obj 的目标文件、扩展名为.lst 的列表文件和扩展名为.crf 的交叉索引文件。

例如,在 D 盘 masm 目录下,有汇编程序 masm.exe;有连接程序 link.exe;有用户源程序 lx.asm。用汇编程序对用户程序 lx.asm 进行汇编,操作如下:

D:\masm＞masm lx;回车

在汇编过程中如果发现源程序有语法错误,汇编程序会给出出错信息。指出错误所在行号,如图 3-5 所示。如果汇编后有错误就要返回到编辑程序,修改源程序直到没有错误,进入下一步连接。

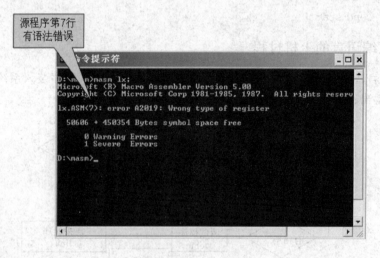

图 3-5　对源程序 lx.asm 汇编的结果

3. 连接

源程序经过汇编后产生的目标程序必须经过连接后才能运行。连接程序 link 把一个或多个独立的目标程序连接成一个可重定位的执行文件(扩展名为.exe)。连接程序连接的一定是扩展名为.obj 的目标程序。

连接命令格式如下:

link [[盘符][路径]文件名]

如将目标文件 lx.obj 连接成可执行文件 lx.exe 操作如下:

d:\masm>link　lx;回车

如果没有连接错误,即可生成执行文件 lx.exe。

4. 调试与运行

调试汇编语言程序的基本工具是 debug(称为调试程序),它有很强的功能。在调试程序时,它能使程序设计人员触及机器内部,能观察并修改寄存器和存储单元内容。能监视目标程序的执行情况。有关 debug 命令的使用可参考实验教材《汇编语言程序设计案例式实验指导》。

3.4　习　题

1. 选择题(对以下各题,请从给出的 A、B、C、D 四个选项中,选择一个正确的答案。)

(1) 程序设计语言中与硬件结合最紧密的一种语言是(　　)。

A. 汇编语言　　　　　　　　　　B. C 语言

C. Visual C++　　　　　　　　　D. Java

(2) 用指令的助记符、符号地址、标号和伪指令、宏指令以及规定的格式书写的语言称为(　　)。

A. 汇编语言　　　　　　　　　　B. 高级语言

C. 机器语言　　　　　　　　　　D. 面向过程的高级语言

(3) 把若干个模块连接起来生成可执行文件的系统程序称为(　　)。

A. 编译程序　　　　　　　　　　B. 汇编程序

C. 连接程序　　　　　　　　　　D. 目标程序

(4) 汇编语言语句中的名字项可以是标号或变量,其中(　　)不是标号或变量的属性。

A. 段属性　　　　　　　　　　　B. 偏移属性

C. 类型属性　　　　　　　　　　D. 地址属性

(5) 下列关于注释的陈述,错误的是(　　)。

A. 注释是汇编语言语句的最后一个组成部分

B. 注释在汇编语言语句中是必须的

C. 一个好的程序,应该加上注释

D. 注释对汇编后产生的目标程序没有任何影响

(6) 用 assume 伪指令指定某个段分配给段寄存器后,还需要通过 mov 指令来给段寄存器赋值,其中(　　)不能这样做,而是在程序初始化时自动完成的。

A. 数据段寄存器 ds　　　　　　　B. 堆栈段寄存器 ss

C. 代码段寄存器 cs　　　　　　　D. 附加段寄存器 es

(7) 下列说法正确的是(　　)。

A. segment 与 ends 是段定义语句的伪指令,而 assume 不是

B. segment 和 ends 语句成对使用,把汇编语言源程序分为段

C. 代码段中存放指令和伪指令,但不存放宏指令

D. segment 与 ends 指令前的段名可以不同

(8) 汇编语言在上机过程中用不到的程序为(　　)。

A. 编辑程序　　　　　B. 汇编程序　　　　　C. 连接程序　　　　　D. 编译程序

(9) 下面指令序列执行完后的运算,正确的算术表达式应是(　　)。

```
mov  al,byte ptr x
shl  al,1
dec  al
mov  byte ptr y,al
```

A. $y=2x+1$　　　　　　　　　　B. $x=2y+1$

C. $y=2x-1$　　　　　　　　　　D. $x=2y-1$

(10) 在下面程序段中,当满足条件转到 next 标号执行时,al 中的正确值是(　　)。

```
cmp  al,0fbh
jnl  next
…
  next：…
```

A. al=80h　　　　B. al=8fh　　　　C. al=0f0h　　　　D. al=0ffh

(11) 目标文件(.obj)经连接程序连接后可直接生成(　　)文件。

A. exe　　　　　　B. doc　　　　　　C. asm　　　　　　D. obj

(12) 伪指令 ends 告诉汇编程序(　　)。

A. 宏定义结束　　　　　　　　　　B. 过程定义结束

C. 段定义结束　　　　　　　　　　D. 程序结束

(13) 定义字变量的定义符是(　　)。

A. dw　　　　　　B. dq　　　　　　C. dd　　　　　　D. db

(14) 通常我们将用汇编语言编写的程序称为汇编语言(　　)。

A. 源程序　　　　B. 系统程序　　　　C. 目标程序　　　　D. 执行程序

(15) 伪指令 end 告诉汇编程序(　　)。

A. 宏定义结束　　　B. 过程定义结束　　　C. 段定义结束　　　D. 程序结束

(16) 在 DOS 系统下,用 debug 调试当前盘、当前目录下的汇编语言程序,应输入命令(　　)。

A. debug　filename.exe　　　　　　B. debug　filename.asm

C. debug　filename　　　　　　　　D. debug　filename.obj

(17) 在 debug 程序调入后,显示存储单元的命令是(　　)。

A. U 命令　　　　B. D 命令　　　　C. E 命令　　　　D. R 命令

(18) 若主程序中数据段名为 datas,对数据段的初始化操作应为(　　)。

A. mov　ax,datas
　　mov　es,ax

B. mov　ds,datas

C. mov　ax,datas
　　mov　ds,ax

D. 　push　ds
　　　xor　ax,ax

(19) 求下面变量定义的数组,其长度送入 cx 的正确形式是(　　)。

```
array  dw  1,9,9,9,12,1
count  euq ($-array)/2
```

A. mov　cx,length　array

B. mov cx,size　array

C. mov　cx,count

D. mov cx,offset count

(20) .exe 文件产生在 (　　)之后。

A. 汇编　　　　　　B. 编辑　　　　　　C. 用软件转换　　　　D. 连接

(21) 汇编语句

```
data   segment stack 'stack'
       dw  100  dup(0)
data   ends
```

此处定义的含义是(　　)。

A. 定义 100 个字节的堆栈段

B. 定义 100 个字节的数据段

C. 定义 200 个字节的堆栈段

D. 定义 200 个字节的数据段

(22) 汇编语句

```
segss  segment stack 'stack'
       dw  1024  dup(?)
segss  ends
```

此处定义的含义是(　　)。

A. 定义 1K 字节的堆栈段

B. 定义 2K 字节的数据段

C. 定义 2K 字节的堆栈段

D. 定义 1K 字节的数据段

(23) 定义双字变量的定义符是(　　)。

A. dw　　　　　　B. dq　　　　　　C. dd　　　　　　D. dt

(24) 在段定义时,如果定位类型用户未选择,就表示是隐含类型,其隐含类型是(　　)。

A. word　　　　　B. pagec　　　　　C. byte　　　　　D. para

(25) 执行下面指令序列后,结果是(　　)。

```
mov  al,82h
cbw
```

A. ax=0ff82h　　　B. ax=8082h　　　C. ax=0082h　　　D. ax=0f82h

(26) 汇编语言源程序中,每个语句由四项组成,如语句要完成一定功能,那么该语句中不可省略的项是(　　)。

A. 名字项　　　　　B. 操作项　　　　　C. 操作数项　　　　D. 注释项

(27) 下列描述正确的是(　　)。

A. 汇编语言仅由指令语句构成

B. 汇编语言包括指令语句和伪指令语句

C. 指令语句和伪指令语句的格式是完全相同的

D. 指令语句和伪指令语句需要经汇编程序翻译成机器代码后才能执行

（28）下列描述正确的是（　　　）。

A. 汇编语言是汇编语言编写的程序，运行速度快，属于面向用户的程序设计语言。

B. 汇编语言源程序可以直接执行

C. 汇编语言是用符号表示的面向过程的计算机语言

D. 汇编语言属于低级语言

（29）在汇编语言程序中，对 end 语句的叙述正确的是（　　　）。

A. end 语句是一可执行语句　　　　　B. end 语句表示程序执行到此结束

C. end 语句表示源程序到此结束　　　　D. end 语句在汇编后要产生机器码

（30）执行下列指令后，正确的结果是（　　　）。

```
mov al,100
mov bl, - 2
```

A. al=100h,bl=02h　　　　　　　　B. al=64h, bl=0feh

C. al=64h, bl=82h　　　　　　　　D. al=100h,bl=0feh

（31）设数据段中已有：

```
da1 db 12h,34h
da2 dw 56h,78h
```

下面有语法错误的句是（　　　）。

A. mov　ax, da2　　　　　　　　　B. mov　da1+1,al

C. mov　byte ptr da2+1,al　　　　　D. mov　da1,ax

（32）执行下面指令序列后，结果是（　　　）。

```
mov　al,82h
cbw
```

A. ax=0ff82h　　　B. ax=8082h　　　C. ax=0082h　　　D. ax=0f82h

（33）在段定义时，如果定位类型用户未选择，就表示是隐含类型，其隐含类型是（　　　）。

A. word　　　　　　B. page　　　　　C. byte　　　　　　D. para

（34）已知 var　dw　1,2,$+2,5,6 若汇编时 var 分配的偏移地址是 2010h,则汇编后 2014h 单元的内容是（　　　）。

A. 6h　　　　　　　B. 14h　　　　　　C. 5h　　　　　　　D. 16h

（35）使用 8086/8088 汇编语言的伪操作命令定义：

```
val　db　93 dup(5,2 dup(2　dup(1,2　dup(3)),4))
```

则在 val 存储区内前 10 个字节单元的数据是（　　　）。

A. 9,3,5,2,2,1,2,3,4,5

B. 5,2,2,1,2,3,4,1,2,3

C. 5,1,3,3,1,3,3,4,1,3

D. 5,2,1,3,3,4,1,3,3,1

(36) 表示一条指令的存储单元的符号地址称为(　　)。

A. 标号　　　　　　B. 类型　　　　　　C. 变量　　　　　　D. 偏移量

(37) 下列不是变量类型的是(　　)。

A. 字节型　　　　　B. 字符型　　　　　C. 字型　　　　　　D. 双字型

(38) 下面不可以作为标号的是(　　)。

A. lp1　　　　　　B. sum　　　　　　C. total　　　　　D. add

(39) 在下列语句中,buf 称为(　　)。

　　buf　db　01h,0ah

A. 符号　　　　　　B. 变量　　　　　　C. 助记符　　　　　D. 标号

(40) 使计算机执行某种操作的命令是(　　)。

A. 指令　　　　　　B. 伪指令　　　　　C. 助记符　　　　　D. 标号

2. 判断题(判断对错,在括号内打√或×)

(1) 汇编语言中,一般伪指令语句放在代码段中。　　　　　　　　　　　(　　)

(2) 连接程序把若干个模块连接起来成为可执行的文件　　　　　　　　(　　)

(3) 连接程序将.obj 文件连接成可执行的文件。　　　　　　　　　　　(　　)

(4) 文件类型为.asm 的是汇编语言的执行文件。　　　　　　　　　　　(　　)

(5) debug 只能跟踪.exe 文件。　　　　　　　　　　　　　　　　　　(　　)

(6) 文件类型为.asm 的是汇编语言的目的文件。　　　　　　　　　　　(　　)

(7) debug 是汇编语言的调试工具。　　　　　　　　　　　　　　　　(　　)

(8) 数值表达式是在汇编过程中完成的计算,程序运行时已经有确定值。　(　　)

(9) 汇编程序对汇编语言源程序汇编后只能生成.obj 文件。　　　　　　(　　)

(10) 汇编程序是将汇编语言源程序汇编(翻译)成机器语言程序的程序。　(　　)

(11) 伪指令是汇编语言的指令语句,由 CPU 执行。　　　　　　　　　(　　)

(12) 符号常量既可以用 EQU 和等号(＝)语句定义,也可以用 db 或 dw 等定义。

　　　　　　　　　　　　　　　　　　　　　　　　　　　　　　　(　　)

(13) buf 是变量,语句 mov　ax,buf ,源操作数是立即数寻址。　　　　(　　)

(14) data 是数据段名,语句 mov　ax,data ,源操作数是立即数寻址。　(　　)

3. 填空题(对以下各题,请在留出空格的位置中,填入正确的答案)

(1) 段定义伪指令语句用＿＿＿＿＿＿＿＿＿语句表示开始,以＿＿＿＿＿＿＿＿语句表示结束。

(2) 汇编语言源程序的扩展名是＿＿＿＿,目标程序的扩展名是＿＿＿＿,可执行文件的扩展名是＿＿＿＿。

(3) 将下列文件类型填入空格:.obj、.exe、.asm、.lst。

编辑程序输出的文件有＿＿＿＿＿＿＿＿；汇编程序输出的文件有＿＿＿＿＿＿＿＿、＿＿＿＿＿＿＿＿；连接程序输出的文件有＿＿＿＿＿＿＿＿。

(4) segment 是用于定义＿＿＿＿＿＿＿＿＿＿＿＿的伪指令语句,该指令必须以

_____语句表示结束。

（5）proc 是用于定义_____的伪指令语句,该指令必须以_____语句表示结束。

（6）变量的三种属性为_____、_____和_____。

（7）逻辑地址由段基址和_____组成,将逻辑地址转换成物理地址的公式是_____,其中段基址是由_____存储的。

（8）db 指令以_____为单位分配存储;dd 指令以_____为单位分配存储。

4. 简答题

（1）8086 有哪 4 种逻辑段?各逻辑段对应的段寄存器分别是什么用途?

（2）请画出下列数据定义语句的内存分配图示意图。

```
buf1    dw    7788h,99h
buf2    db    'ab',11h
```

（3）数据段定义如下,要求用内存分配示意图说明该数据段的存储器分配情况 。

```
data    segment
org 100h
var1    db    10 ,10h ,'a'
var2    dw    77h,8899h
data    ends
```

（4）8086 系统,在某汇编语言源程序中有指令 inc[si]。但在汇编时对该指令报错,错在哪里?

（5）8086 系统,在某汇编语言源程序中有指令 mov:sub cx,1。但在汇编时对该指令报错,错在哪里?

（6）指令语句 and ax,opd1 and opd2 中,opd1 和 opd2 是两个已经赋值的变量,问两个 and 操作分别在什么时间进行? 有什么区别?

（7）8086 系统,在某汇编语言源程序中有指令 add ax,word ptr[si+dx]。但在汇编时对该指令报错,错在哪里?

（8）8086 汇编语言程序中段的类型有几种? 各段如何定义?

（9）汇编语言的语句如何分类? 并简要回答每一类的作用。

（10）指出下列一对伪指令语句的区别。

```
x1    db    76
x2    equ    76
```

（11）指出下列一对伪指令语句的区别。

```
x1    dw    3678h
x2    db 36h,78h
```

（12）按下面的要求写出程序的框架:

① 数据段中从偏移地址 50h 开始定义 100 字节的数组。

② 定义一个 1K 空间的堆栈段。

③ 代码段中指定段寄存器;主程序指定从 100h 开始;给有关段寄存器赋值。

④ 程序结束。

(13) 请写出完成下列操作的伪指令语句。

① 将 78,−40,0d6h,49h 存放在定义为字节变量 stad 的存储单元中。

② 将字数据 1245h,64h,1245,0c7h 存放在定义为字节变量 array 的存储单元中。

③ 在以 beta 为首地址的存储单元中连续存放字节数据:4 个 8,6 个 'S',20 个空单元,10 个(1,3)。

④ 在以 string 为首地址的存储单元中存放字符串 this is a example。

⑤ 用符号 total 代替数字 780。

(14) 什么是伪指令?

5. 分析与编程

(1) 下面程序段有错吗? 若有,请指出错误。

```
cray  proc
      push  ax
      add   ax,bx
      ret
endp  cray
```

(2) 程序填空。清除数据段中从 0000H 到 0200H 的字单元中的内容。

```
clear  proc  near
       mov  si,0
again: mov  word  ptr [si],0
       add  si,2
       cmp  si,_____
       jnz  again
       _____
clear  _____
```

(3) 执行下列指令后,ax 寄存器中的内容是什么?

```
       table  dw  10h,20h,30h,40h,50h
       entry  dw  3
       ...
       ...
       mov  bx,offset  table
       add  bx,entry
       mov  ax,[bx]
```

(4) 下列程序段实现了什么功能?

```
       mov  cx,26
```

```
        mov    dl,′z′
        mov    dh,0
lab1:mov    ah,02h
        int    21h
        dec    dx
        loop  lab1
        …
```

（5）执行下列指令后，cx=？ax=？

```
array   db   11h,22h,33h,44h,55h
coun    equ   $-array
                mov   cx,coun
                mov   ax,word  ptr  array
                …
```

（6）下列程序段实现了什么功能？屏幕上显示的结果是什么？

```
                mov   cx,10
                mov   dl,30h
                mov   dh,0
next_char:mov   ah,02h
                int   21h
                inc       dx
                loop  next_char
                …
```

（7）完成下列操作，选用什么指令：

① 将 ax 的内容，减去 0520h，和上次运算的借位；

② 将变量名 tabl 的段地址送 ax；

（8）分析下列程序段，假设执行前(sp)=200H。

```
        A   dw   1234h
        B   dw   5678h
            …
        push   A
        push   B
        pop    A
        pop    B
```

执行后(A)=？,(B)=？(SP)=？

（9）分析下列程序段：

```
    org   200h
buf   db   12h,34h
```

```
        mov   ax,word ptr buf
```

上述指令语句执行后 ax 中的内容是(　　)。

(10)分析程序段执行后,写出 da2 各字节中的数据。

```
            da1  db   ´01234´
            da2  db   5 dup(0)
            mov  si,0
            mov  cx,5
lop:mov  al,da1[si]
            add   al,11h
            or al,01h
            mov  da2[si],al
            inc  si
            loop  lop
```

第4章 基本汇编语言程序设计

8086 系列汇编语言源程序是建立在段结构基础上的,所以在编制汇编语言源程序时,首先要使用段定义伪指令来构成由指令和数据组成的若干段。一个程序究竟有几个段,由实际情况来确定,通常是按照程序中的用途来定义段,如存放数据的段、作为堆栈的段、存放程序的段、存放子程序的段等。我们在刚开始编程时,不妨先设 1～4 个段,由 4 个段寄存器 cs、ds、ss、es 分别存放这些段的段基址。

程序设计不论是汇编语言还是高级语言,过程大致相同,一般都要经过问题分析、算法确定、框图表达、源程序编写等步骤。源程序编写完毕,需要录入编辑、汇编或编译、最后连接形成可执行文件;如果存在运行错误,则可以借助调试程序进行排错。本章就顺序、分支、循环结构论述汇编语言的各种程序设计方法。需要明确的是,源程序格式仅是一个框架,伪指令只是辅助汇编的命令,我们的重点是放在解决问题的编程技术上。

4.1 顺序程序设计

最简单的程序是没有分支、没有循环的直线运行程序,即顺序结构,其流程图如图4-1所示。例 4.1、例 4.2 的程序就是比较典型的顺序结构。

图 4-1 顺序结构流程图

【例 4.1】 编程实现 c=a+b 的运算,设 a、b、c 均为字变量。

```
data    segment
        a   dw   1234h
        b   dw   5678h
        c   dw   ?
```

```
        data    ends
        code    segment
                assume  cs:code,ds:data
          start:mov  ax,data
                mov  ds,ax
                mov  ax,a
                add  ax,b
                mov  c,ax
                mov  ah,4ch
                int  21h
          code  ends
                end  start
```

【例 4.2】 利用查表法计算平方值。已知 0 ~ 9 的平方值连续存在以 sqtab 开始的存储区域中,求 sur 单元内容的平方值,并放在 dis 单元中。

```
stack   segment  stack
             db  100  dup(?)
stack   ends
data    segment
   sur  db  5
   dis  db  ?
   sqtab  db  0,1,4,9,16,25,36,49,64,81   ;0~9 的平方表
data    ends
code    segment
   assume  cs:code,ds:data,ss:stack,es:data
begin:  mov    ax,data
        mov    ds,ax         ;为 ds 送初值
        lea    bx,sqtab      ;平方表的首地址
        mov    al,sur        ;取要转换的数据
        xlat                 ;查表转换
        mov    dis,al        ;存放转换的结果至 dis 单元
        mov    ah,4ch
        int    21h           ;返回至 DOS 操作系统
code    ends
        end    begin
```

4.2　分支程序设计

在一个实际的程序设计中,程序始终是直线运行的情况是不多见的,通常都会有各种

分支。分支结构可以有两种形式,如图 4-2 所示。它们分别相当于高级语言中的 if_then_else 语句和 case 语句,适用于要求根据不同条件作不同处理的情况。if_then_else 语句可以引出两个分支。case 语句则可以引出多个分支。不论哪一种形式,它们的共同特点是:在某一种特定条件下,只能执行多个分支中的一个分支。例 4.3 就是一个分支程序。

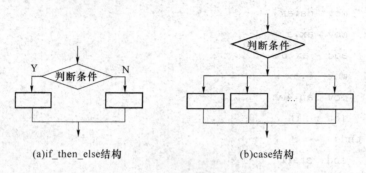

(a)if_then_else结构　　　　　(b)case结构

图 4-2　分支结构的两种形式

【例 4.3】　变量 x 的符号函数可以用下式表示:

$$y=\begin{cases} 1 & \text{当 } x>0 \\ 0 & \text{当 } x=0 \\ -1 & \text{当 } x<0 \end{cases}$$

在程序中,要根据 x 的值给 y 赋值,程序流程如图 4-3 所示。先把变量 x 从内存中取出来,执行一次"与"或"或",就可以把 x 值的特征反映到标志位上。于是就可以判断是否等于 0,若是,则令 y=0;否则,再判断是否小于 0,若是,则令 y=-1;否则,就令 y=1。相应的程序为:

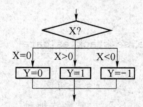

图 4-3　符号函数程序的流程图

```
data    segment
        x   db  86h
        y   db  ?
data    ends
code    segment
        assume  cs:code,ds:data
start:  mov ax,data
        mov ds,ax
        mov al,x
        or  al,al
```

```
          jz    zero
          jns   plus
          mov   y, - 1
          jmp   exit
zero:     mov   y,0
          jmp   exit
plus:     mov   y,1
exit:     mov   ah,4ch
          int   21h
code      ends
          end   start
```

4.3　循环程序设计

循环程序设计结构是重复执行同一程序段的结构,汇编语言和高级语言一样有两种循环结构,do-while 和 do-until 结构。如图 4-4 所示。

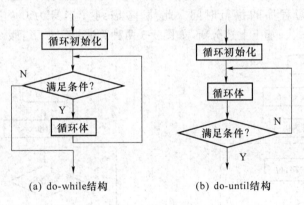

图 4-4　循环结构

do-while 结构,循环控制条件的判断放在循环入口,先判断条件,满足条件执行循环体,否则退出循环体。所以,这种结构的循环体有可能一次也不执行。

do-until 结构,先执行循环体,然后再判断控制条件,不满足条件则继续执行循环体,直到满足条件退出循环。

这两种结构可以根据具体情况选择使用。一般说来,如果循环次数是已知的,则应该选择 do-until 结构,由倒计数完成循环的控制。否则一般选择 do-while 结构。不论哪一种结构形式,循环程序都可以由如下三个部分组成。

(1) 循环初始化部分

该部分一般要进行地址指针、循环次数及某标志的设置,相关寄存器的清零等操作。只有正确地进行了初始化设置,循环程序才能正确运行或及时停止。

（2）循环体

循环体是循环工作的主体，它由循环的工作部分和修改部分组成。循环的工作部分是为了完成程序功能而设计的重复执行的程序段部分；循环修改部分则是为了保证每一次重复（循环）时，参加执行的信息能发生有规律的变化而建立的程序段。

（3）循环控制部分

循环控制部分也可看作循环体的一部分，由于它是循环程序设计的关键，所以要对它作专门的讨论。每一个循环体必须选择一个循环控制条件来控制循环的运行和结束。因此合理地选择该控制条件就成为循环程序设计的关键，如果循环次数已知，可以用循环次数作为循环的控制条件，loop 指令使这种循环程序设计能很容易地实现。如果循环次数未知，那就需要根据具体情况找出控制循环结束的条件。循环控制条件的选择很灵活，如果可供选择的方案不止一种，就应该分析比较，选择一种效率最高的方案来实现。

【例 4.4】　在 addr 单元中存放着 16 位数 y 的地址，试编写一程序，统计 y 中 1 的个数，将统计结果存入 count 单元中。

要测出 y 中"1"的个数就应逐位测试。一个比较简单的办法是可以根据最高有效位是否为 1 来计数，然后用移位的方法把各位逐次移到最高位。循环的结束可以用计数值为 16 来控制，其程序流程图如图 4-5(a)所示。另一种更好的算法是结合第 1 种算法可以测试数是否为 0 来作为结束条件，如图 4-5(b)所示（图中虚线部分是循环体）。这样可以在很多情况下缩短程序的执行时间。此外，考虑到 y 本身为 0 的可能性，应该采用 do-while 的结构形式。基于上述分析，如图 4-5 两种算法编程如下：假设 y＝76ach。

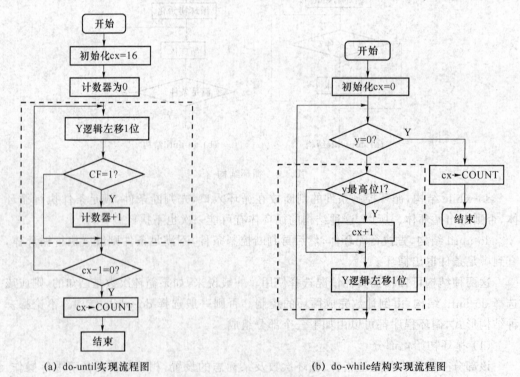

(a) do-until实现流程图　　　　　　　　(b) do-while结构实现流程图

图 4-5　例 4.4 程序流程图

方法 1：

```
data   segment
      addr    dw  y
      y       dw  76ach
      count   dw  ?
data   ends
program  segment
         assume  cs:program,ds:data
start：mov ax,data
         mov    ds,ax
         mov    cx,16        ;循环次数值
         mov    dx,0         ;计数器初值 = 0
         mov    bx,addr
         mov    ax,[bx]      ;取 y 送 ax
repeat：  shl    ax,1        ;y 左移 1 位,将最高位移至 CF
         jnc    next         ;没有进位,则转到 next 统计下一位
         inc    dx           ;最高位是 1,则统计计数
enxt：    loop repeat        ;cx-1 不为 0,处理下一位
         mov    count,dx
         mov    ah,4ch
         int    21h
program  ends
         end  start
```

方法 2：

```
data   segment
      addr   dw  y
      y      dw  76ach
      count  dw  ?
data   ends
program  segment
      assume    cs:program,ds:data
start：mov ax,data
      mov ds,ax
      mov cx,0              ;计数器初值 = 0
      mov bx,addr
      mov ax,[bx]          ;取 y 送 ax
repeat：     test  ax,0ffffh ;检测是否为全 0
      jz  exit             ;是,则转 exit
```

```
          jns   shift        ;最高位是 0,则转 shift
          inc   cx           ;最高位是 1,则统计计数
shift:    shl   ax,1         ;处理下一位
          jmp   repeat
exit:     mov   count,cx
          mov   ah,4ch
          int   21h
program   ends
          end   start
```

这个例子说明算法和循环控制条件的选择对程序的工作效率有很大影响,而循环控制条件的选择又是很灵活的,应根据具体情况来确定。

【例 4.5】　按 15 行×16 列的表格形式显示 ASCII 码为 10h～ffh 的所有字符,即以行为主的顺序及 ASCII 码递增的次序显示对应的字符。每 16 个字符为一行,每行中的相邻两个字符之间用空格(ASCII 为 20h)隔开。

显示一个字符可用 DOS 系统功能调用的 02 号功能,系统功能调用在第 6 章介绍,这里简单介绍一下 02 号功能的调用方法:

```
mov   ah,02h
mov   dl,输出字符的 ASCII 码
int   21h
```

功能号送 ah 寄存器,要显示字符的 ASCII 码送 dl 寄存器,执行 int21h 字符就会显现在屏幕上。本题中可把 dl 初始化为 10H,然后使其加 1(用 INC 指令)以取得下一个字符的 ASCII 码。程序流程图如图 4-6 所示。

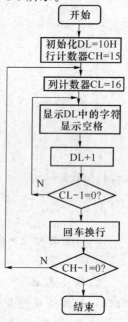

图 4-6　例 4.5 程序流程图

```
cod    segment
       assume cs:cod
start：    mov  dl,10h
           mov  ch,15
next_h：   mov  cl,16
next_l：   mov  ah,02
           int   21h
           push  dx
           mov   dl,20h
           int   21h
           pop   dx
           inc   dl
           dec   cl
           jnz  next_l
           push  dx
           mov   ah,02
           mov   dl,0dh
           int   21h
           mov   dl,0ah
           int   21h
           pop   dx
           dec   ch
           jnz   next_h
           mov   ah,4ch
           int   21h
   cod   ends
       end   start
```

在实际应用中,有些问题较复杂,一重循环不够,必须使用多重循环实现,这些循环是一层套一层的,通常称为循环嵌套。方法与高级语言类似,在《汇编语言程序设计案例式实验指导》中列举双重循环程序设计的方法,这里不再重述。

4.4 习 题

1. 选择题(对以下各题,请从给出的 A、B、C、D 四个选项中,选择一个正确的答案。)

(1) 一般用条件转移指令 jz、jnz、jc、jnc 等来实现程序的(   )结构。

A. 顺序　　　　　　B. 分支　　　　　　C. 循环　　　　　　D. 模块化

(2) 在程序设计的实际应用中往往存在要重复执行的某些操作的一类问题,这类问题由(   )来解决。

A. 顺序结构程序　　　　　　　　　B. 分支结构程序

C. 循环结构程序　　　　　　　　　D. 以上都不是

(3) 循环程序的基本结构形式不包括下面哪一部分?(　　)

A. 循环参数置初值部分　　　　　　B. 循环工作部分

C. 循环控制部分　　　　　　　　　D. 设置段寄存器部分

(4) (　　)是循环程序设计的一个核心问题。

A. 循环的控制　　　　　　　　　　B. 循环结构的选择

C. 循环体的设计　　　　　　　　　D. 循环参数的置初值

(5) 在循环程序设计中循环体的重复执行次数已知的情况下,一般采用哪种计数方法来控制循环?(　　)

A. 正计数法　　　　B. 倒计数法　　　C. 两者相同　　　D. 两者都不是

(6) 循环体不包括下列哪项?(　　)

A. 重复操作的程序段　　　　　　　B. 循环参数的修改

C. 循环控制参数的修改　　　　　　D. 循环参数置初值部分

(7) 在"先判断后循环"的循环程序结构中,循环体执行的次数是(　　)。

A. 1　　　　　　　B. 0　　　　　　C. 2　　　　　D. 不定

(8) 在"先作循环体后判断"的循环程序结构中,循环体执行的次数至少是(　　)。

A. 0　　　　　　　B. 1　　　　　　C. 2　　　　　D. 不定

(9) 编写分支程序,在进行条件判断前,可用指令构成条件,其中不能形成条件的指令有(　　)。

A. cmp　　　　　　B. sub　　　　　C. and　　　　D. mov

(10) 下列描述正确的是(　　)。

A. 汇编语言运行速度快,属于面向对象的程序设计语言

B. 汇编语言源程序可以直接执行

C. 汇编语言是用符号表示的面向过程的计算机语言

D. 汇编语言属于低级语言

(11) 在 debug 调试程序调入后,显示存储单元的命令是(　　)。

A. U 命令　　　　　B. D 命令　　　　C. E 命令　　　　D. R 命令

(12) 堆栈的工作方式是(　　)。

A. 先进先出　　　　　　　　　　　B. 随机读写

C. 只能读出,不能写入　　　　　　D. 后进先出

(13) 实现带符号数">="转移的指令是(　　)。

A. jae/jnb　　　　　B. jbe/jna　　　　C. jge/jnl　　　　D. jg/jnle

(14) 对于下列程序段:

```
again:mov  al,[si]
      mov  es:[di],al
      inc  si
      inc  di
```

```
    loop  again
```

也可用指令（　　）完成同样的功能。

A. rep movsb　　　B. rep lodsb　　　C. rep stosb　　　D. repe scasb

(15) 计算机系统软件中的汇编程序是一种（　　）。

A. 汇编语言程序

B. 编辑程序

C. 翻译程序

D. 将高级语言程序转换成汇编语言程序的程序

(16) 循环程序的循环控制指令中,隐含使用（　　）寄存器作为循环计数器。

A. ax　　　　　B. bx　　　　　C. cx　　　　　D. dx

(17) 用户为了解决自己的问题,用汇编语言编写的程序称为（　　）。

A. 目标程序　　　　B. 源程序　　　　C. 汇编程序　　　　D. 可执行程序

(18) 在进行二层循环程序设计时,下列描述正确的是（　　）。

A. 外循环初值应置外循环外,内循环初值应置内循环外;外循环内。

B. 外循环初值应置外循环内,内循环初值应置内循环内。

C. 内、外循环初值都应置外循环外。

D. 内、外循环初值都应置内循环外;外循环内。

2. 判断题(判断对错在括号内打√或×。)

(1) 在汇编语言程序设计时,分析问题无关紧要。　　　　　　　　　　　　（　　）

(2) 在程序设计时,流程图可有可无,但它使得解题的思路清晰,有利于理解、阅读和编制程序,还有利于调试、修改程序和减少错误等。　　　　　　　　　　　（　　）

(3) 在循环结构程序中,循环体有可能一次也不执行。　　　　　　　　　（　　）

(4) 在循环结构程序中,循环体至少要执行一次。　　　　　　　　　　　（　　）

(5) 内循环必须完整地包含在外循环中,内外循环不能相互交叉。　　　　（　　）

(6) 从内循环中可以直接跳到外循环,从外循环也可以直接跳到内循环。　（　　）

(7) 每次由外循环再次进入内循环中,内循环的初始条件必须重新设置。　（　　）

(8) 在汇编语言源程序中,通常用条件转移指令实现分支。　　　　　　　（　　）

(9) 在汇编语言中,一般伪指令语句放在代码段中。　　　　　　　　　　（　　）

(10) 内、外循环允许交叉。　　　　　　　　　　　　　　　　　　　　　（　　）

3. 填空题(请从以下各题留出的空格位置中,填入正确的答案。)

(1) 在程序设计的实际应用中往往存在要重复执行某些操作的一类问题,这必须由＿＿＿＿＿＿＿＿＿来解决。

(2) 一个循环结构的程序主要由三部分组成:＿＿＿＿＿＿＿＿＿、＿＿＿＿＿＿＿＿＿和＿＿＿＿＿＿＿＿＿。

(3) 循环体一般包括:＿＿＿＿＿＿＿＿＿、＿＿＿＿＿＿＿＿＿。有些循环体还包括对＿＿＿＿＿＿＿＿＿的修改。

(4) debug命令中,显示内存单元的是＿＿＿＿＿＿＿＿＿命令,显示寄存器的是＿＿＿＿＿＿＿＿＿命令,汇编是＿＿＿＿＿＿＿＿＿命令。

（5）汇编语言是一种面向_____的语言,把汇编语言源程序翻译成机器语言目标程序是由_____完成的。

4. 编程题

（1）已知在 array 数组中有 100 个带符号字数据,编写一个完整的 8086 汇编语言程序,统计出 array 数组数据中的正数、负数的个数并存入 np、nn 单元中。

（2）已知在 array 数组中有 80 个无符号字节数据,编写一个完整的 8086 汇编语言程序,将 array 数组中的最大值放入 max 单元中。

（3）数 m 在 ax 寄存器中,数 n 在内存某单元内,请写出实现 $f=2m-n$,并将结果保存在 ax 寄存器的程序段。

（4）编一个子程序,利用 xlat 指令（查表法）把十六进制数转换成 ASCII 码。假设 ASCII 码存放在以 data1 为首地址的数据区中,对应的十六进制数放在以 data2 为首地址的数据区中,转换结果送到以 data3 为首地址的数据区中。

（5）编写程序段,把字符串 string 中的第一个"&"字符用空格符代替。

```
        string  db  'The date is FEB&03'
```

（6）用循环控制指令设计程序段,从 60h 个元素中寻找一个最大值,结果放在 al 中。

（7）在 ds 段中有一个从 table 开始的由 160 个字符组成的链表,设计一个程序,实现对此表进行搜索,找到第一个非 0 元素后,将此单元和下一单元清零。

（8）阅读下列程序段,简略说明其功能。

```
dseg    segment
    string1  db  ″I am a student!″
    string2  db  ″I am a student!″
    yes      db  ″match″,0dh,0ah,″$″
    no       db  ″no match″,0dh,0ah,″$″
dseg ends
cseg    segment
    main  proc  far
        assume cs:cseg,ds:dseg,es:dseg
    start:push ds
        xor  ax,ax
        push ax
        mov ax,dseg
        mov ds,ax
        mov es,ax
        lea  si,string1
        lea  di,string2
        cld
        mov cx,length string1
        repe cmpsb
```

```
            jne dispno
            mov ah,09
            lea dx,yes
            int 21h
            jmp retp
    dispno:  mov ah,09
            lea   dx,no
            int   21h
    retp:    ret
main   endp
cseg   ends
    end start
```

(9) 编写完整程序,求出 $1+2+3+\cdots+100$ 的和,将结果存入 ax 中。

第 5 章　子程序设计

子程序又称过程,它相当于高级语言中的过程或函数。在一个程序的不同部分,往往要用类似的程序段,这些程序段的功能和结构形式都相同,只是某些变量的赋值不同,此时就可以把这些程序段写成子程序形式,以便需要时调用。这些程序段对于某个用户可能只用一次,但它是一般用户经常用到的。例如,十进制数转换成二进制数,二进制数转换成十六进制数并显示输出等。对于这些常用的特定功能的程序段,也经常编制成子程序的形式供用户使用。

模块化程序设计方法是按照各部分程序所实现的不同功能把程序划分成多个模块,各个模块在明确各自的功能和相互间的连接约定后,就可以分别编制和调试程序,最后再把它们连接起来,形成一个大程序。这是一种很好的程序设计方法,而子程序结构就是模块化程序设计的基础。

5.1　子程序的设计方法

子程序是程序设计中经常使用的程序结构,通过把一些固定的、经常使用的功能设计成子程序的形式,可以使源程序及目标程序大大缩短,提高程序设计的效率和可靠性。

5.1.1　过程定义与过程调用

在第 3 章中,已经介绍了过程定义伪指令,其格式为:

<过程名>　　proc　　［属性］

……

<过程名>　　endp

其中过程名为标识符,它又是子程序入口的符号地址。属性(attribute)是类型属性,它可以是 near 或 far。

在第 2 章中,介绍了子程序调用指令 call 和子程序返回指令 ret。为了使编程更加方便,80X86 的汇编程序用 proc 伪指令的类型属性来确定 call 和 ret 指令的属性。也就是说,如果所定义的过程是 near 属性,那么对它的调用和返回一定都是 near 属性;如果所定义的过程属性是 far,那么对它的调用和返回也一定是 far 属性。这样用户只需要在定义过程时考虑它的属性,而 call 和 ret 的属性可以由汇编程序来确定。用户对过程属性的确定原则很简单:

(1) 如果调用程序和过程在同一个代码段中,则使用 near 属性;

(2) 如果调用程序和过程不在同一个代码段中,则使用 far 属性。

　　调用程序和子程序在同一代码段中的程序结构如下：

```
code    segment
            …
main    proc  far
        start:
            …
            call  subr1
            …
            ret
    main    endp
    ;
    subr1  proc  near
            …
            ret
    subr1  endp
code    ends
        end  start
```

　　由于调用程序 main 和子程序 subr1 是在同一代码段中的，所以 subr1 定义为 near 属性。这样，main 中对 subr1 的调用和 subr1 中的 ret 就都是 near 属性的。但是一般说来，主过程 main 应该定义为 far 属性，这是由于把程序的主过程看作 DOS 调用的一个子过程，因而 DOS 对于 main 的调用以及 main 中的 ret 就是 far 属性。当然，call 和 ret 的属性是汇编程序确定的，用户只需正确选择 proc 的属性就可以了。

　　过程的正确执行是由子程序的正确调用和正确返回来保证。80X86 的 call 和 ret 指令完成的就是调用和返回的功能。为保证其正确性，除 proc 的属性要正确选择外，还应该注意子程序运行期间的堆栈状态。由于 call 执行时已使返回地址入栈，所以 ret 执行时应该使返回地址出栈，如果子程序中不能正确使用堆栈而造成执行 ret 前 sp 并未指向进入子程序时的返回地址，则必然会导致运行出错，因此子程序中对堆栈的使用应该特别小心，以免发生错误。

5.1.2　保存与恢复寄存器

　　由于调用程序（又称主程序）和子程序经常是分别编制的，所以它们所使用的寄存器往往会发生冲突。如果主程序在调用程序之前的某个寄存器内容在子程序返回后还有用，而子程序又恰好使用了同一个寄存器，这就破坏了该寄存器的原有内容，因而会造成错误的运行结果，这是不允许的。为避免这种错误的发生，在一进入子程序后，就应该把子程序所需要使用的寄存器内容保存在堆栈中，而返回调用程序前把寄存器内容恢复成原状。例如，在 subt 子程序中需要用到 ax、bx、cx 和 dx 寄存器，该子程序结构如下：

```
subt  proc  near
    push  ax
```

```
            push    bx
            push    cx
            push    dx
            ...
            pop     dx
            pop     cx
            pop     bx
            pop     ax
            ret
    subt    endp
```

在子程序设计时,应仔细考虑哪些寄存器是需要保存的,哪些寄存器是不必要或不应该保存的。一般来说,子程序中用到的寄存器是应该保存的。但是,如果使用的寄存器在主程序和子程序之间传送参数的话,则这种寄存器就不需要保存,特别是用来向主程序回送结果的寄存器,就更不应该因保存和恢复寄存器而破坏了应该向主程序传送的信息。

5.1.3　子程序的参数传送

介绍了主程序在调用子程序时,一方面初始数据要传给子程序,另一方面子程序运行结果要返回给主程序。所以,设计一个子程序之前,首先应该明确:

（1）子程序的名字。

（2）子程序的功能。

（3）入口参数,为了运行这个子程序,主程序为它准备了哪几个"已知条件",这些参数存放在什么地方。

（4）出口参数,这个子程序的运行结果有哪些?存放在什么地方?

（5）影响寄存器,执行这个子程序会改变哪几个寄存器的值?

（6）其他需要说明的事项。

因此,主子程序之间的参数传递是非常重要的。参数传递一般有三种实现方式。

1.　用寄存器实现参数传递

这是最常用的一种方式,即把所需传递的参数直接放在主程序的寄存器中传递给子程序。但传递的参数很多时候不能使用这种方式。下面举例说明。

【例 5.1】　两个 6 个字节的数据相加。将一个字节相加的程序段设计为子程序。主程序分 6 次调用该子程序,每次调用通过寄存器 dl 传送结果参数。程序如下:

```
data    segment
        add1    db    feh,86h,7ch,35h,68h,77h
        add2    db    45h,bch,7dh,6ah,87h,90h
        sum     db    6   dup(?)
        count   db    6
data    ends
stack   segment
```

```
              db   100   dup(?)
stack    ends
code     segment
assume   cs:code,ds:data,ss:stack
madd:    mov   ax,data
         mov   ds,ax
         mov   ax,stack
         mov   ss,ax
         mov   si,offset  add1
         mov   di,offset  add2
         mov   bx,offset  sum
         mov   cx,count            ;循环初值为 6
         clc
again:   mov   al,[si]             ;si 是一个加数的地址指针
         mov   dl,[di]             ;di 是另一个加数的地址指针
         call  subadd             ;调用子程序
         mov   [bx],dl            ;bx 是结果操作数的地址指针
         inc   si
         inc   di
         inc   bx
         loop  again               ;循环调用 6 次
         mov   ah,4ch
         int   21h
;子程序名:subadd
;子程序的功能:一个字节加法程序
;入口参数:al,dl 传送加数、被加数
;出口参数:dl 传送加的结果。
subadd   proc                     ;完成一个字节相加
         push  ax                 ;保护 ax 的值
         adc   dl,al
         pop   ax                 ;恢复 ax 的值
         ret
subadd   endp
code     ends
         end   madd
```

2. 用存储单元实现参数传递

这种参数传递方法是把所需传递的参数直接放入内存单元。

【例 5.2】　主程序 main 和子程序 proadd 在同一源文件中,要求用子程序 proadd 累加数组中的所有元素,并把累加和(不考虑溢出的可能性)送到指定的存储单元中。在这里子程序 proadd 直接访问了数据区(内存单元)。程序如下:

```
data     segment
```

```
            ary   dw   100   dup(8)
         count   dw   100
          sum   dw   ?
data      ends
sseg      segment   stack
          dw   100   dup(?)
sseg      ends
code      segment
main      proc   far
          assume   cs:code,ds:data,ss:sseg
      start:  push   ds
              sub   ax,ax
              push   ax
              mov   ax,data
              mov   ds,ax
              mov   ax,sseg
              mov   ss,ax
              call   proadd
              ret
      main   endp
;子程序名:proadd
;子程序的功能:求数组元素的累加和
;入口参数:地址为 ary 的内存单元
;出口参数:地址为 sum 的内存单元
proadd   proc   near
          push   ax
          push   cx
          push   si
          lea   si,ary        ;数组首地址送 si
          mov   cx,count       ;数组元素个数
          xor   ax,ax          ;累加器清零
   next:  add   ax,[si]        ;计算累加和
          add   si,2           ;修改指针
          loop  next
          mov   sum,ax         ;存累加和
          pop   si
          pop   cx
          pop   ax
          ret                  ;返回
   proadd   endp
code        ends
```

```
            end   start
```

3. 用堆栈实现参数传递

这种方法是通过堆栈传送参数地址,是在主程序中把参数地址保存在堆栈中,在子程序中从堆栈中取出参数以达到传送参数的目的。

【**例 5.3**】 用堆栈实现参数传递,完成例 5.2 的程序功能,本例中堆栈最满时的状态如图 5-1 所示,必须注意,子程序结束时的 ret 指令应使用带常数的返回指令,以便返回主程序后,堆栈能恢复原始状态不变。

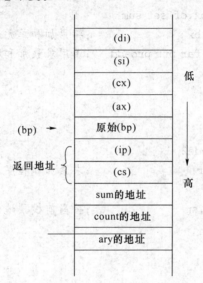

图 5-1 例 5.3 用图

```
data  segment
        ary   dw    100 dup(8)
        count dw    100
        sum   dw    ?
data  ends
stack_seg     segment  stack
              dw   100 dup(?)
        tos   label  word
stack_seg     ends
code1         segment
    main      proc  far
              assume  cs:code1,ds:data,ss:stack_seg
    start:    mov   ax,stack_seg
              mov   ss,ax
              mov   sp,offset tos
              push  ds
              sub   ax,ax
```

```
                push   ax
                mov    ax,data
                mov    ds,ax                ;给数据段赋值
                mov    bx,offset ary
                push   bx                   ;将数组首地址压入堆栈
                mov    bx,offset count
                push   bx                   ;将数组元素个数压入堆栈
                mov    bx,offset sum
                push   bx                   ;将累加和单元地址压入堆栈
                call   far ptr proadd       ;调用求累加和程序
                ret
        main    endp
code1   ends
code2   segment
        assume  cs:code2
    proadd  proc    far                     ;求累加和程序
                push   bp
                mov    bp,sp                ;将当前栈顶地址保存至 bp
                push   ax
                push   cx
                push   si
                push   di
                mov    si,[bp + 0ah]         ;将堆栈中保存的数组首地址送 si
                mov    di,[bp + 8]
                mov    cx,[di]               ;将堆栈中保存的元素个数送 cx
                mov    di,[bp + 6]           ;将堆栈中保存的和单元地址送 di
                xor    ax,ax
    next:   add     ax,[si]
                add     si,2
                loop    next
                mov    [di],ax               ;将累加和存入 sum 单元
                pop    di
                pop    si
                pop    cx
                pop    ax
                pop    bp
                ret    6                     ;释放堆栈单元
    proadd  endp
code2   ends
        end  start
```

在例子中,传送的参数是地址。如 ary 的地址、count 的地址和 sum 的地址。

5.2 子程序的嵌套

我们已经知道,一个子程序也可以作为调用程序去调用另一个子程序,这种情况就称为子程序的嵌套。嵌套的层次不限,其层数称为嵌套深度。如图 5-2 表示了嵌套深度为 2 时的子程序嵌套情况。

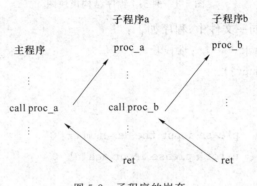

图 5-2　子程序的嵌套

嵌套子程序的设计并没有什么特殊要求,除子程序的调用和返回应正确使用 call 和 ret 指令外,要注意寄存器的保护和恢复,以避免各个层次子程序之间因寄存器冲突而出错的情况发生。如果程序中使用了堆栈,例如使用堆栈来传送参数等,则对堆栈的操作要格外小心,避免发生因堆栈使用中的问题而造成子程序不能正确返回的错误。

在子程序嵌套的情况下,如果一个子程序调用的子程序就是它自身称为递归调用。这样的子程序称为递归子程序。递归子程序对应于数学上对函数的递归定义,它往往能设计出效率较高的程序,可以完成相当复杂的计算,所以它是很有用的。因篇幅所限,本书不加进一步说明。

在编写子程序时,特别是在编写嵌套或递归子程序时,堆栈的使用是十分频繁的。在堆栈使用过程中,应该注意有关堆栈溢出的问题。由于堆栈区域是在堆栈定义时确定的,因而堆栈工作过程中有可能产生溢出。堆栈溢出有两种情况可能发生:一种情况是如堆栈已满,但还想再存入信息,这种情况称为堆栈上溢;另一种情况是,如堆栈已空,但还想取出信息,这种情况称为堆栈下溢。不论上溢或下溢,都是不允许的。因此在编写程序时,如果可能发生堆栈溢出,则应在程序中采取保护措施。可以给 sp 规定上、下限,在进栈或出栈操作前先做 sp 和边界值的比较,如溢出则作溢出处理,以避免破坏其他存储区或使程序出错的情况发生。

5.3 子程序举例

【例 5.4】 编程实现从键盘输入 4 位十六进制数,输出对应的二进制数。程序结构模块图如图 5-3 所示。要求用子程序结构完成程序设计。

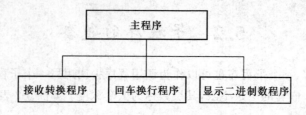

图 5-3 例 5.4 程序结构模块图

主程序子程序在同一文件中,程序如下:

```
sseg segment stack          ;堆栈段
        db 1024 dup(?)
sseg ends
data   segment
        input   db    ´please input the Hex number: $´
        ero     db    ´error! please input again! $´
data   ends
cod   segment
     assume cs:cod,ds:data,ss:sseg
start:  mov ax,data
        mov ds,ax
        mov ax,sseg
        mov ss,ax
        call   receive       ;调用接收转换程序
        call   enter         ;调用回车换行程序
        call   disp          ;调用显示程序
        mov ah,4ch
        int 21h


receive   proc              ;接收转换程序
        mov bx,0
        mov dx,offset input
        mov ah,9
        int 21h             ;显示输入提示信息
next:   mov ah,1
        int 21h             ;从键盘接收一个字符
        cmp al,0dh
        jz  return          ;如果是回车键则返回
        cmp al,30h
        jb  err
```

```
            cmp al,3ah
            jb  num         ;如果是 0～9,转至相应处理
            cmp al,41h
            jb  err
            cmp al,47h
            jb  big_char    ;如果是 Z～F,转至相应处理
            cmp al,61h
            jb  err
            cmp al,67h
            ja  err
            sub al,57h      ;将字符 a～f 转换为二进制数
            jmp save
num:        sub al,30h
            jmp save
big_char:   sub al,37h
            jmp save
err:        call enter
            mov dx,offset ero
            mov ah,9
            int 21h
            jmp next
save:       mov cl,4        ;保存接收的数据至 bx 低 4 位
            shl bx,cl
            add bl,al
            jmp next
return:     ret
receive     endp
enter       proc            ;回车换行程序
            mov ah,2
            mov dl,0dh
            int 21h
            mov dl,0ah
            int 21h
            ret
enter       endp
disp        proc            ;显示二进制数程序
            mov cx,16
rotate:     shl bx,1
```

```
            jc   disp_1
            mov dl,30h
            jmp disp_bit
disp_1：  mov dl,31h
disp_bit：mov ah,2
            int 21h
            loop rotate
            mov ah,2
            mov dl,´B´
            int 21h
            ret
disp      endp
cod ends
end start
```

【例 5.5】 键盘输入两个四位十进制数,输出两个数的和、差、积、商及余数。假设和、差、积、商、余数都不超过$-2^{15} \sim +2^{15}-1$,即 16 位二进制数的范围。要求按图 5-4 给出的子程序嵌套结构的模块图完成程序设计。

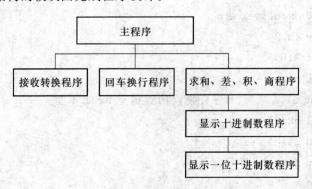

图 5-4 例 5.5 子程序嵌套结构图

程序如下:

```
data    segment
        num1 dw ?
        num2 dw ?

        input_1 db ´please input num1 = $´
        input_2 db ´please input num2 = $´
        disp_sum db ´sum = $´
        disp_sub db ´sub = $´
        disp_mul db ´mul = $´
```

```
            disp_div db ´div = $´
            disp_rem db ´rem = $´
            enter db 0dh,0ah,´ $´
data ends
code segment
        assume  cs:code,ds:data
    start:    mov ax,data
              mov ds,ax
              mov bp,0
              mov ah,9
              mov dx,offset input_1
              int 21h
              call receive
              cmp si,´ - ´
              jnz   zheng_1
              neg   bx
    zheng_1:  mov num1,bx
              mov ah,9
              mov dx,offset enter
              int 21h
              mov dx,offset input_2
              int 21h
              call receive
              cmp si,´ - ´
              jnz zheng_2
              neg bx
    zheng_2:  mov num2,bx
              call sum_h
              call sub_c
              call mul_j
              call div_s

              mov ah,4ch
              int 21h
    receive proc
              mov si,0
              mov bx,0
    input:    mov ah,1
```

```
                int 21h
                cmp al,´-´
                jnz   zhengshu
                mov si,´-´
                jmp input
    zhengshu: cmp al,0dh
                jz return
                sub al,30h
                mov cl,al
                mov ax,bx
                mov di,10
                mul di
                mov bx,ax
                add bl,cl
                adc bh,0
                jmp input
      return:add bx,0

                ret
    receive   endp
    sum_h proc
                mov ah,9
                mov dx,offset enter
                int 21h

                mov dx,offset disp_sum
                mov ah,9
                int 21h
                mov ax,num1
                mov bx,num2
                add bx,ax
                call disp
                ret
    sum_h   endp
    disp proc
                add bx,0
                jns  xs
                neg bx
```

```
            mov dl,'-'
            mov ah,2
            int 21h
    xs:     call disp_10
            ret
disp endp
disp_10 proc
        mov cx,10000
        mov ax,bx
        call disp_1
        mov cx,1000
        mov ax,bx
        call disp_1
        mov cx,100
        mov ax,bx
        call disp_1
        mov cx,10
        mov ax,bx
        call disp_1
        mov cx,1
        mov ax,bx
        call disp_1
        mov bp,0
        ret
    disp_10 endp
    disp_1 proc
        mov dx,0
        div cx
        mov bx,dx
        or  bp,ax
        jz  return
        mov bp,1
        add al,30h

        mov ah,2
        mov dl,al
        int 21h
return: ret
```

```
        disp_1 endp
        sub_c   proc
            mov ah,9
            mov dx,offset enter
            int 21h

            mov dx,offset disp_sub
            mov ah,9
            int 21h
            mov ax,num2
            mov bx,num1
            sub bx,ax
            call disp
            ret
        sub_c endp
        mul_j proc
            mov ah,9
            mov dx,offset enter
            int 21h

            mov dx,offset disp_mul
            mov ah,9
            int 21h
            mov ax,num1
            mov bx,num2
            imul bx
            mov bx,ax
            call disp
            ret
        mul_j   endp
        div_s proc
            mov ah,9
            mov dx,offset enter
            int 21h

            mov dx,offset disp_div
            mov ah,9
            int 21h
```

```
            mov ax,num1
            cwd
            mov bx,num2
            idiv bx
            mov di,dx
            mov bx,ax
            call disp
            mov ah,9
            mov dx,offset enter
            int 21h

            mov dx,offset disp_rem
            mov ah,9
            int 21h

            mov bx,di
            call disp
            ret
    div_s   endp

code ends
```

5.4 习 题

1. 选择题(对以下各题,请从给出的 A、B、C、D 四个选项中,选择一个正确的答案。)

(1) 有关宏指令和子程序,下列说法哪一个不正确?(　　)

A. 宏指令并不能简化目标程序

B. 子程序可以简化目标程序,但执行时间要长些

C. 子程序或过程在执行时,由 CPU 处理

D. 宏指令在执行时要保护现场和断点

(2) (　　)不是子程序的参数传递方法。

A. 立即数传递　　　B. 寄存器传递　　　C. 堆栈传递　　　D. 存储器传递

(3) 下列指令中不会改变指令指针寄存器内容的是(　　)。

A. mov　　　　　　B. jmp　　　　　　C. call　　　　　　D. ret

(4) 在一段汇编语言程序中多次调用另一段程序,用宏指令比用子程序实现(　　)。

A. 占内存空间小,但速度慢

B. 占内存空间大,但速度快

C. 占内存空间相同,速度快

D. 占内存空间相同,速度慢

(5) 子程序的一般结构为(　　　)。

A. 保存现场、处理加工、返回程序

B. 处理加工、恢复现场、程序结束

C. 保存现场、处理加工、恢复现场、返回程序

D. 保存现场、处理加工、恢复现场、程序结束

(6) 关于子程序嵌套的正确描述是(　　　)。

A. 子程序内包含子程序的调用

B. 子程序直接或间接地嵌套调用自身

C. 只要定义了子程序就是程序嵌套

D. 中断后又被中断程序调用

(7) 子程序返回指令是(　　　)。

A. iret　　　　　　B. jmp　　　　　　C. call　　　　　　D. ret

(8) 下面是关于汇编语言中使用 ret 的描述,不正确的是(　　　)。

A. 每一个子程序允许有多条 ret 指令

B. 每一个子程序结束之前一定要有一条 ret 指令

C. 每一个子程序中只允许有一条 ret 指令

D. 以过程形式表示的代码段,一定有 ret 指令存在

(9) 主程序和所调用的子程序在同一代码段中,子程序的属性应定义为(　　　)。

A. far　　　　　　B. near　　　　　　C. type　　　　　　D. word

2. 判断题(判断对错在括号内打√或×。)

(1) 汇编语句中,一个过程可以有 near 和 far 两种属性。near 属性表示主程序和子程序在同一个代码段。　　　　　　　　　　　　　　　　　　　　　　　　(　　　)

(2) 汇编语句中,一个过程可以有 near 和 far 两种属性。far 属性表示主程序和子程序在同一个代码段。　　　　　　　　　　　　　　　　　　　　　　　　(　　　)

(3) 子程序结构简化了程序设计过程,使程序设计时间大量节省。　　　　(　　　)

(4) 子程序结构不利于对程序的修改、调试。　　　　　　　　　　　　(　　　)

(5) 子程序结构缩短了程序的长度,节省了程序的存储空间。　　　　　(　　　)

(6) 子程序结束后必须返回。　　　　　　　　　　　　　　　　　　(　　　)

(7) ret 指令是伪指令,不需要 CPU 执行。　　　　　　　　　　　　(　　　)

(8) call 指令和 proc 指令一样,都是执行指令。　　　　　　　　　　(　　　)

3. 填空题(请从以下各题留出的空格位置中,填入正确的答案。)

(1) far 属性表示主程序和子程序＿＿＿＿＿＿＿＿＿＿。

(2) 子程序又称＿＿＿＿＿＿＿＿＿＿,它可以由＿＿＿＿＿＿＿＿＿＿语句定义,由＿＿＿＿＿＿＿＿＿＿语句结束,属性可以是＿＿＿＿＿＿＿＿或＿＿＿＿＿＿＿＿。

(3) 调用子程序的程序称为＿＿＿＿＿＿＿＿,主程序调用子程序的过程称为＿＿＿＿＿＿,子程序执行完后,应返回到主程序的调用处,继续执行主程序,这个过程称为＿＿＿＿＿＿＿＿。

（4）汇编语言所操作处理的对象主要是_____，主程序调用子程序时，通常要对标志寄存器的内容加以保护，即_____，子程序执行完后再恢复被保护寄存器的内容，即_____。

（5）子程序定义时的类型属性有_____和_____两种。

（6）主程序传递输入参数和子程序传递输出参数的过程称为_____，实现该过程的方法有三种，它们分别是_____、_____和_____。

（7）如果某程序调用一个或若干个子程序，我们称为子程序的_____；如果某个程序调用一个子程序，而该子程序又调用另一个子程序，我们称为子程序的_____。

（8）调用指令 call 可分为_____、_____、_____和_____四种调用。

4．分析与编程题

（1）在某子程序的开始处要保护 ax、bx、cx、dx 四个寄存器信息，在子程序结束时要恢复这四个寄存器信息。例如：

```
push  ax
push  bx
push  cx
push  dx
```

试写出恢复现场时的指令序列。

（2）在编写子程序时，为什么要在子程序中保护许多寄存器？

（3）现有一子程序：

```
     sub1  proc
           test  al,80h
           je  plus
           test  bl,80h
           jne  exito
           jmp  xchange
     plus: test bl,80h
            je  exito
  xchange: xchg al,bl
   exito：   ret
     sub1    endp
```

试回答：子程序的功能是什么？ 如调用子程序前 al＝9ah,bl＝77h,那么返回主程序时，al＝？ bl＝？

第6章　输入/输出与中断

计算机的基本组成包括:CPU、存储器、I/O(输入/输出)设备,其中的 I/O 设备主要用于实现人机交互或者机间通信。计算机通过 I/O 接口电路及相应的 I/O 程序对 I/O 设备进行控制,以便顺利地完成输入输出的工作,见图 6-1。汇编语言是一种低级语言,能直接控制硬件,因此充分利用这一点,可以编写出高性能的 I/O 程序。本章所讨论的主要内容为:I/O 接口有关概念及 I/O 程序设计、中断有关概念及中断程序设计、DOS 和 BIOS 中断等。

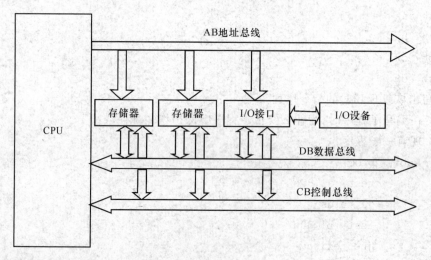

图 6-1　外部设备与 CPU 的连接

6.1　输入/输出接口

从广义上来讲,计算机是一个能够对信息进行处理的工具,而信息的处理过程离不开数据的获取和结果输出这两个部分,这些任务的实现需要为计算机配上相应的输入/输出设备(又称外部设备或简称外设)。由于外设种类繁多,工作原理各不相同,工作速度差别较大等客观原因,要想实现主机和外设之间的输入/输出操作,必须在主机与外设之间使用专用的接口电路,即输入/输出接口电路,简称 I/O 接口。I/O 接口是外设连接到总线上的一组逻辑电路的总称,主要用于外设与主机之间的信息交换。

I/O接口在主机与外设之间的信息交换过程中扮演怎样的角色呢？简而言之，I/O接口扮演的是一个中介的角色或起到一个桥梁的作用。对主机一方来说，I/O接口为其提供外设的数据及状态等信息，CPU可以利用这些信息对外部设备进行相应的控制和管理；对外设一方来说，I/O接口为其提供数据和CPU发送来的命令等信息，继而在命令的控制下，产生相应的动作，如图6-2所示。除此之外呢，I/O接口可以使外设与总线相隔离，即只有主机选中的外设才和总线相连，而其他的外设则和总线之间是隔离状态，这也是保证主机和外设之间能够顺利进行信息交换的一项重要保证措施。

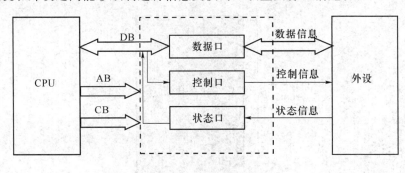

图 6-2 I/O 接口模型

6.1.1 I/O 接口的主要功能

由于外设种类繁多，工作原理各不相同，工作速度差别较大等客观原因，要想实现主机和外设之间的输入/输出操作，I/O接口通常具有如下基本功能：

（1）速度匹配。与CPU相比，大多数的外设属于慢速设备，而这种速度的不匹配容易造成数据传输错误，因此需要I/O接口具有缓冲数据的功能。

（2）数据格式转换。由于不同的外设处理的数据形式有多种，如模拟数据、串行数据等，而计算机处理的数据主要是并行的数字数据，因此需要I/O接口电路提供数据格式转换的功能。

（3）I/O地址译码与设备选择。由于计算机通常配备多个外设，而CPU在某个时刻只能和一个外设进行数据传输，因此I/O接口中需要具有选中的外设与总线相接，未选中的外设与总线隔离（高阻态）的功能。

（4）对外设进行监测、控制、管理及中断处理。

6.1.2 I/O 接口的编址方式

从本质上来讲，I/O接口只是主机与外设之间交换信息的中转站。从类型上看，可以把交换的信息分为三类：数据信息、状态信息、控制信息（又称命令信息）。数据信息是指CPU与外设之间交换的用于实现输入/输出的信息，其传输方向可以为输入、输出和双向。状态信息是指由外设提供给CPU，CPU借此了解外设工作状态的信息，显而易见，其方向为输入。控制信息是指CPU输出给外设，进而控制其工作的信息，其方向为输出。以上三类信息均存放在位于I/O接口电路内部的寄存器中，为了访问这些信息，

CPU 需要为每个寄存器分配一个唯一的地址。在这里，我们把 I/O 接口中的寄存器称为 I/O 端口（简称端口），把分配给 I/O 端口的地址称为 I/O 端口号。计算机对 I/O 端口有两种编址方式：统一编址（存储器映像）和独立编址（隔离 I/O）。

1. 统一编址

统一编址是把外设接口与内存统一进行编址，各占据同一地址空间的不同部分，如图 6-3所示。该方式的优点是指令统一、灵活；访问控制信号统一，使用相同的地址/控制信号。缺点是内存地址空间被 I/O 地址空间占用一部分，导致其可用地址空间减小。

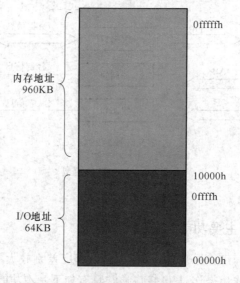

图 6-3　统一编址示意图

2. 独立编址

独立编址是指外设地址空间和内存地址空间相互独立，如图 6-4 所示。其优点是内存地址空间不受 I/O 编址的影响；缺点是 I/O 指令功能较弱，使用不同的读写控制信号。

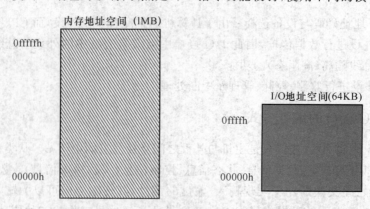

图 6-4　独立编址示意图

3. 8088/8086 CPU 的 I/O 编址方式

采用 I/O 独立编址方式(但地址线与存储器共用),8086 通过引脚 M/$\overline{\text{IO}}$ 来区分地址线上的地址信号,8088 通过引脚 IO/$\overline{\text{M}}$ 来区分地址线上的地址信号。I/O 操作只使用 20 根地址线中的 16 根,即 $A_{15} \sim A_0$,因此,可寻址的 I/O 端口数为 64K(65536)个,I/O 地址范围为 0~0ffffh,但实际的微机系统一般只使用 1024 个 I/O 地址(0~3ffh)。表 6-1 列出了微机主要 I/O 端口地址的分配。

表 6-1 主要外设的 I/O 端口地址分配

地 址	外设、接口或控制器	地 址	外设、接口或控制器
00~0fh	DMA 控制器 8237A	2f8~2feh	串口 2
20~21h	中断控制器 8259A	320~32fh	硬盘控制器
40~43h	系统时钟/定时器	3c2~3cfh	VGA 接口卡
60~63h	可编程芯片 8255A	3f8~3feh	串口 1

6.1.3 I/O 端口地址的译码方式

CPU 要对 I/O 端口进行读写操作之前,首先要选择 I/O 接口电路,这个过程又称为"片选",然后在被选中的 I/O 接口电路选择要读写的 I/O 端口,这个过程又称为"字选"。片选是通过地址译码来实现的,一般而言,是通过高位地址线与 CPU 控制信号的组合,经译码电路产生选择 I/O 接口电路的片选信号。字选一般是低位地址线直接和 I/O 接口电路相连,产生选择某 I/O 端口的选择信号。I/O 端口地址译码方式灵活多样,8086/8088CPU 的 I/O 端口地址译码方式有两种:固定端口地址译码和可选端口地址译码。参与译码的地址线可以是全部和部分两种情况,分别称为全地址译码和部分地址译码。全地址译码方式是指所有 I/O 地址线均参与译码,其特点是分配给 I/O 设备的地址空间具有唯一性,例如 8086CPU 的 I/O 地址线为 $A_{15} \sim A_0$,可分配的 I/O 地址范围是 0~0ffffh。同理,部分地址译码方式是指部分 I/O 地址线参与译码,则相应的地址空间是多个重叠的区域。

1. 固定 I/O 端口地址译码

一般而言,当设计 I/O 接口电路时,首先为接口电路分配一个或若干个 I/O 端口地址。固定式译码是指分配给接口电路的端口地址不能更改。参与译码的可选器件包括逻辑门、译码器等,如图 6-5 所示。

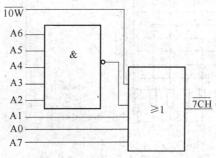

图 6-5 固定 I/O 端口地址译码输出电路

2. 可选 I/O 端口地址译码

与固定 I/O 端口地址译码方式相比,可选 I/O 端口地址译码分配的地址可作一定的调整,因此后者具有更好的灵活性,在实际使用中更为广泛。可选 I/O 端口地址译码电路通常采用开关、跳线和数据比较器等来实现。如图 6-6 所示,该译码电路主要包括:DIP 开关,8 位数据比较器和 3-8 译码器 74LS138。图中 DIP 开关状态的设置决定了译码电路所提供的 I/O 端口地址,例如,当图中 DIP 开关全部断开时,即 Q 端输入的数据为 11111111b,根据数据比较器的工作原理,只有 P 端输入的地址数据也为 11111111b 时,该地址译码器才被选中。由此可见,该可选式 I/O 端口地址译码电路在 DIP 开关全部断开时所提供的译码范围为:3f8h～3ffh。最后由读者自行确定该译码电路所提供的全部 I/O 地址范围。

6.1.4 数据传送方式

CPU 与外部设备之间进行数据交换有两种方式:并行和串行。需要说明的是 CPU 和 I/O 接口电路之间进行的数据交换方式是并行方式,而这里所指的并行和串行是基于 I/O 接口和外设之间所进行的数据交换方式的划分。并行是指一个数据单位(通常为字节)的各位同时传送,其特点是:速度快、距离短、成本高。串行是指数据按位依次传送,其特点是:速度慢、距离远、成本低。需要注意的是,由于计算机内部是按照并行方式来进行数据传输和处理的,因此,串行输出接口中必须包含"并/串"转换的功能,串行输入接口必须包含"串/并"转换的功能。

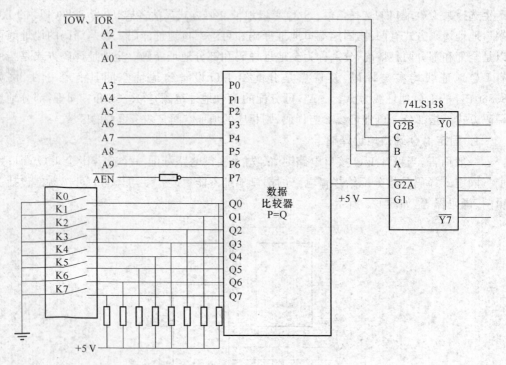

图 6-6　可选式 I/O 端口地址译码电路

我们知道计算机最基本操作之一是数据在 CPU 内部的寄存器、存储器和 I/O 端口之间进行大量频繁的传送。目前 CPU 与外设之间进行数据传送的方式主要有程序控制方式、直接存储器存取方式和通道传输方式。程序控制方式又包含无条件传送、条件传送（或称为查询传送）、中断传送。下面分别介绍这几种主要方式：

1. 无条件传送

无条件传送是一种最简单的输入/输出传送方式，由于 CPU 始终假定外部设备处于准备好状态，所以在 I/O 接口程序中不再对外设的状态进行查询，而是直接与外设进行数据传送。无条件传送方式的优点是：无论是硬件电路设计和接口程序的设计都非常简单；其缺点是适用范围不够广泛，仅适用简单的外部设备如开关、发光二极管及七段数码管等。

【**例 6.1**】 输入/输出综合应用实例。设计要求：编写一完整的输入/输出程序，根据 8 个开关的状态，实现对 8 个发光二极管的亮灭进行控制，电路如图 6-7 所示。

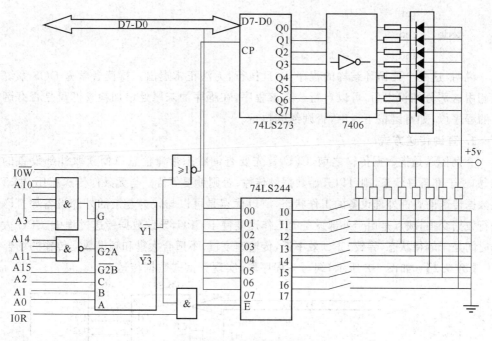

图 6-7 无条件传送综合实例

分析：由图 6-7 可知，该接口电路采用全地址译码方式，开关接口的地址为 7ffbh，发光二极管的接口地址为 7ff9h。若要发光二极管亮，则其阴极应为低电平，由于电路中使用了反相器 7406，所以输出接口中对应位置 1 即可。在接口电路的开关输入部分，开关闭合，对应位输入的数据是 0，因此，若要开关闭合时对应二极管亮，需要对开关的数据取反。

相应程序如下：

```
data      segment
          port_in = 7ffbh
          port_out = 7ff9h
```

```
data    ends
code    segment
        assume    cs:code,ds:data
start:  mov       ax,data
        mov       ds,ax
go:     mov       dx,port_in          ;从开关接口读取开关的状态
        in        al,dx
        not       al                  ;开关闭合,发光二极管亮
        mov       dx,port_out         ;开关状态数据通过输出口输出
        out       dx,al
        jmp       go
        mov       ah,4ch
        int       21h
code    ends
        end       start
```

说明:这是个死循环结构的程序,一旦执行,无法正常退出。待读者学完 DOS 系统功能调用这部分知识之后,可以自行改进该程序,在程序的末尾处增加检查键盘是否有键按下的程序段,如有键按下退出,否则继续执行。

2. 查询传送方式

查询传送是指数据传输之前,CPU 首先要查询状态端口信息以便获取外部设备的状态,如处于准备好状态,则可以开始数据的传输;否则就要等待。与无条件传送相比,由于其在数据传送前查询外部设备的工作状态,所以优点是可以与较为复杂的外部设备如打印机进行数据交换,缺点是由于外部设备的工作速度慢于 CPU,导致数据传送过程中,CPU 大部分时间处于等待状态,导致 CPU 效率低,传输速度慢,不适合大量和频繁数据传输的场合。

【例 6.2】　如图 6-8 所示,编写一程序段,实现查询式数据传送。

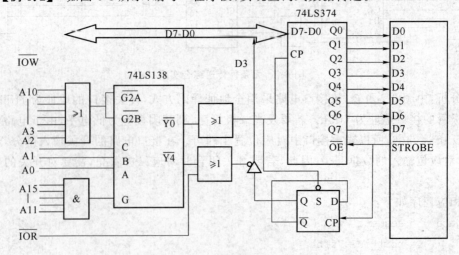

图 6-8　查询传送综合实例图

分析：由图 6-8 可知，该接口电路采用全地址译码方式。首先根据电路图确定状态端口和数据输出端口地址分别为：0f804h 和 0f800h，采用查询方式进行数据传送，流程图如图 6-9 所示。

查询传送的程序段如下：

```
wait:   mov   dx,0f804h        ;状态端口的地址送给 dx
        in    al,dx            ;读取状态端口
        test  al,00001000b     ;测试状态位 D3
        jnz   wait             ;未准备好，等待
;须补充要输出的数据送到 al 的程序段
        mov   dx,0f800h        ;准备好，输出数据
        out   dx,al
        jmp   wait
```

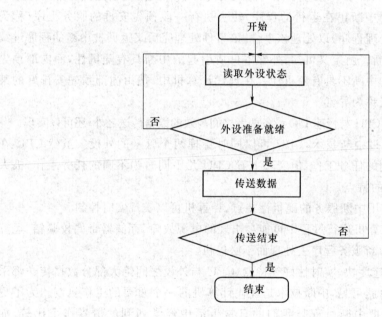

图 6-9　查询传送流程图

由于查询传送方式只有在外设准备好的前提下，才能够进行数据的传输，因此，每传输一个字符前，就需要查询外设的状态信息，造成 CPU 的工作效率低，只能适用于慢速数据传输或对数据传输效率要求不高的场合。CPU 工作效率低的另外一个原因是由于 CPU 与外设之间工作速度相差较大引起的。快速的 CPU 与慢速的外设之间数据传送的矛盾，这也是计算机在发展过程中遇到的严重问题之一。为解决这个问题，一方面要提高外设的工作速度，另一方面发展了中断概念。

6.2　中断技术

如 6.1 节所述，CPU 与 I/O 接口之间若采用无条件传送和查询传送方式进行数据交

换,存在以下不足:

(1) 采用无条件传送时,虽然这种方式简化了硬件接口和软件程序的设计,但仅局限于简单的一类外设,如开关、发光二极管、步进电机等。

(2) 采用查询传送方式时,由于 CPU 需要不停地查询外设的状态即 CPU 处于数据传输的主动一方,造成了处理器时间的浪费,进而导致 CPU 工作效率的降低。

由此可见,若想提高 CPU 的工作效率,需要采用一种新的数据传送方式,而这种数据传送方式 CPU 要变主动为被动,中断方式恰好能满足这一目标,该方式主要用于对 CPU 的工作效率要求较高或者需要进行实时处理等场合。这一节主要讨论的内容包括中断的概念、中断的处理过程及中断程序设计等几个方面。

6.2.1　中断的概念

CPU 正在执行程序时,如果发生了某种随机的外部事件或内部预先安排好的某条指令,从而引起 CPU 暂时中断正在运行的程序,转去执行一段预先安排的服务程序(称为中断服务程序或中断处理程序)以处理该事件,该事件处理完后又返回被中断的程序继续执行,这一过程称为中断。由定义可知,外部事件所引起的中断具有随机性,而内部预先安排好的指令所引起的中断不具有随机性。在现代计算机中,把由内部预先安排好的某条指令所引起的中断又称为异常。

中断除了实现高速 CPU 与慢速 I/O 设备两者之间高效的数据传送之外,还可以实现:

(1) 分时操作。通过中断技术,CPU 可以同时管理两个以上的外设。虽然 CPU 在不同的时间点上为不同的任务工作,但宏观上看 CPU 几乎同时为不同的任务工作,极大地发挥了 CPU 高速性的特点。

(2) 实时处理。利用中断服务的随机性特点,计算机可以实现实时控制。

(3) 故障处理。计算机运行过程中可能会出现的电源故障、存储器奇偶校验错、运算溢出等问题可以通过中断服务程序去处理而不必停机。

中断因其效率高、速度快、实时性好等特点,CPU 与外设之间绝大部分数据传送都采用中断方式来实现。由此可见,中断技术是现代计算机的一个重要的工作机制。为了更好地理解中断概念,先把中断过程与我们的日常生活中经常遇到的情景作个比较,如图 6-10 所示。计算机中引入的中断方式并不是一个全新的事物,只是借鉴了我们处理日常事物的做法而已。

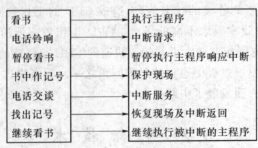

看书	→	执行主程序
电话铃响	→	中断请求
暂停看书	→	暂停执行主程序响应中断
书中作记号	→	保护现场
电话交谈	→	中断服务
找出记号	→	恢复现场及中断返回
继续看书	→	继续执行被中断的主程序

图 6-10　中断与实际场景的对比

6.2.2 中断源的概念及其分类

由中断概念可知,中断的产生需要特定事件的触发,我们便把能够引起 CPU 中断的事件称为中断源。例如,请求输入或输出数据、硬件故障等外部事件;掉电、软件错误、非法操作等 CPU 内部事件。IBM PC 系列机最多可有 256 个中断源,并给每个中断源分配一个中断向量号或中断类型码,其范围是 0～255。

从 PC 的中断逻辑结构图(图 6-11)可以看出 PC 的中断源可分为内部中断和外部中断。

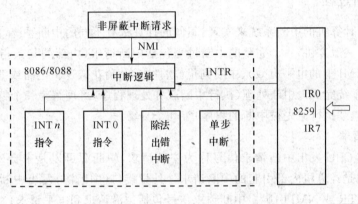

图 6-11　PC 的中断逻辑结构图

1. 内部中断

在 CPU 内部执行程序时自身产生的中断称为内部中断。它通常由中断指令 int n 引起,或者是由于 CPU 的某些错误或异常引起,或者是为调试程序(如 debug)而设置的中断引起等三种情况。具体包括:

(1) n 号向量中断。CPU 执行指令 int n 指令,产生中断类型码为 n 的中断。因此,int n 指令可以用来调用中断服务处理程序。

(2) 3 号中断,又称为断点中断。一般在需要设置断点的程序中,在断点处安插一条 int 3 指令,该中断服务程序主要用于显示或打印断点处的各种信息。

(3) 中断 into,即溢出中断,中断向量号为 4。当 OF 被置 1,表明产生一个溢出错误,安插 into 指令,能及时进行处理。

(4) 除法出错中断,即 0 号中断。在执行 div 或 idiv 指令时,若商超出了目标寄存器的容量,便会引起 0 号中断。

(5) 单步中断。当标志寄存器的单步标志 TF＝1,CPU 每执行完一条指令,便会产生 1 号向量中断。这种单步中断通常用来作为单步调试程序的一种手段。

内部中断具有如下特点:

(1) 中断向量号是由 CPU 内部提供,不需要执行中断响应周期去读取中断向量号。

(2) 除单步中断外,所有内部中断不可以用 IF 标志位屏蔽。

(3) 除单步中断外,所有内部中断的优先级别均高于外部中断。

（4）软中断是由安排在程序中的中断指令引起的，中断指令出现的地方，就是产生软中断的时间，因此软中断不具备随机性特点。

2. 外部中断

所谓外部中断，就是由 CPU 以外的设备、部件产生的中断。8086/8088 的外部中断请求信号：INTR、NMI。INTR 是可屏蔽中断请求输入信号，高电平有效，受 IF 标志的控制，IF＝1 时，执行完当前指令后 CPU 对它作出响应，称为开中断；IF＝0 时，禁止 CPU 对其响应，称为关中断。NMI 是非屏蔽中断请求输入信号，上升沿有效，任何时候 CPU 都要响应此中断请求信号。

6.2.3　中断过程

中断是由计算机的中断系统来实现，不同的计算机有不同的中断系统，但是中断过程却是相似的。一般来讲，一个完整的中断过程包括中断请求（内部的某条指令或 CPU 检测 INTR 或 NMI 上的电平有效）、中断判优（软件查询、菊花链逻辑电路或 PIC 8259 等）、中断响应（由系统完成）、中断处理（执行中断服务处理程序，可理解为一个特殊的子程序）和中断返回（继续执行原先被中断的程序）等几个步骤。

1. 中断请求

中断源向 CPU 发出中断请求信号称为中断请求，中断源可以是来自外部设备发来的 I/O 请求或是计算机内部引起的中断请求。外设接口（中断源）发出中断请求信号，送到 CPU 的 INTR 或 NMI 引脚。中断请求信号包括边沿请求和电平请求；NMI 引脚为边沿请求，INTR 引脚为电平请求。中断请求信号应保持到中断被处理为止；CPU 响应中断后，中断请求信号应及时撤销。

2. 中断判优

计算机系统可以有多个中断源，如 IBM PC 兼容机规定中断源可多达 256 个。中断源发出的中断请求是随机的，当同时出现多个中断源向系统发出中断请求该如何处理呢？可以根据轻重缓急，预先分配给每个中断源一个优先级，如出现多个中断源同时申请中断，即可按优先级进行排队，CPU 优先响应级别高的中断源，当中断处理完毕，再响应级别低的中断申请。

中断排队可以采用两种方法：硬件方法和软件方法。硬件方法速度快，但需增加额外开销；软件方法无须增加额外开销，但速度慢。软件方法采用查询技术，以确定是哪些外设申请中断，并判断它的优先权。一个典型的软件优先权排队电路如图 6-12 所示，假设某微型计算机共接 8 个外部设备，并给每个外部设备分配一个中断请求触发器，从而组成一个寄存器，并通过一地址译码电路给该寄存器分配一个 I/O 端口地址，假设为 33H。把 8 个外设的中断请求信号按位相"或"后，作为 8086/8088CPU 的 INTR 信号，故任一外设有中断请求，即可向 CPU 发出 INTR 信号。当 CPU 响应中断后，CPU 首先会查询端口 33H（外部设备中断请求信息存在这里），逐位检测它们的状态，若哪一位为 1，则该位对应的外设有中断请求，程序转到相应的服务程序的入口。

相应的查询程序如下：

```
        and   al,0              ;CF＝0
        in    al,33h            ;读入中断请求触发器的状态
```

```
go:     rcr   al,1                    ;检测最高位是否有请求
        jc    intrupt1                ;转向中断源 1 的中断服务程序
        rcr   al,1
        jc    intrupt2                ;转向中断源 2 的中断服务程序
        ...
        rcr   al,1;
        jc    intrupt8                ;转向中断源 8 的中断服务程序
        jmp   go                      ;进行新一轮的查询
```

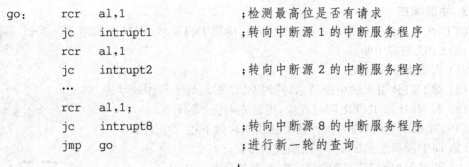

图 6-12　用软件方式查询的接口电路

软件查询方法的特点是:

(1)中断源优先级别的顺序是固定的,由程序中询问的次序决定,最先询问的级别最高,最后询问的级别最低。

(2)无须专门的硬件排队电路。

(3)在中断源较多的情况下,花费的询问时间过长。

中断判优的硬件方法包括链式判优和并行判优(中断矢量法)。该方法的特点是判优的速度快,但需要额外的硬件设备。常用的链式判优电路如图 6-13 所示。

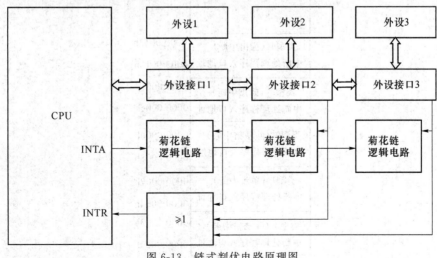

图 6-13　链式判优电路原理图

3. 中断响应

CPU 在每条指令的最后一个时钟周期,检测 INTR 或 NMI 引脚电平。若以下条件成立,则 CPU 响应中断:

(1) 当前指令执行完。

(2) 对 INTR 引入的中断请求,同时 CPU 必须处于开中断状态,即 IF=1。

(3) 若 NMI 和 INTR 同时发生,则首先响应 NMI。

CPU 中断响应时,需要执行两个总线周期做下述三项工作:

(1) 向中断源发出 $\overline{\text{INTA}}$ 中断响应信号。

(2) 断点保护和 IF、TF 清零。断点保护是指 FR 值 (FLAGS)、CS 值和 IP 值入栈,如图 6-14 所示,主要是保证中断结束后能正确返回被中断的程序;TF 清零的目的是禁止中断服务处理期间单步执行程序;IF 清零的目的是中断响应期间禁止响应任何外部硬件中断。

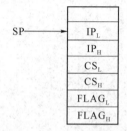

图 6-14　CPU 中断响应
断点信息入栈保护

(3) 获得中断服务程序首地址(入口地址),转移到中断服务程序处执行。

寻找确定中断服务程序入口地址的方法分为软件和硬件两种。软件方法即为上述的查询方式,硬件方法主要是向量中断方式。向量中断就是当 CPU 响应中断后,由提出中断请求的中断源向 CPU 提供一个中断向量,CPU 根据这个中断向量找到中断服务程序入口地址,相应地转到中断服务程序处执行,如 Intel CPU 就采用向量中断方式。

8086/8088 可以处理 256 种类型中断,对每种中断指定一个中断类型号(0～255)。中断服务程序存放在存储区域,把所有中断服务程序的入口地址按照中断类型号的顺序存放在一张表中,这个表就称为中断向量表,如图 6-15 所示。

图 6-15　8086 中断向量表

8086/8088 就是采用中断类型号作为索引号,从中断向量表中取得中断服务程序的入口地址,所以,中断向量表就是一张转换表。首先根据中断类型号 n,计算得到存放中断服务程序入口地址的存储单元地址 4n,4n+1,4n+2,4n+3。前两个单元存放中断服务程序入口地址的段内偏移地址,后两个单元存放中断服务程序入口地址的段基地址。例如,DOS 系统功能调用中断类型号 21h,对应的中断服务程序的入口逻辑地址为 00a7h:107ch,位于中断向量表 0000:0084h 开始的 4 个连续单元,如图 6-16 所示。

00h	0000:0087h
a7h	0000:0086h
10h	0000:0085h
7ch	0000:0084h

图 6-16 中断向量示意图

中断向量表位于内存的低位存储区(00000~003ffh)内。系统每次开机或复位启动后,正式工作之前要对其进行初始化,即将相应的中断服务程序入口地址装入中断向量表中,系统中断服务程序的中断向量由系统软件装入。用户自己设置的中断,需要由用户在程序中将中断向量装入表中。

4. 中断处理

中断处理即执行中断服务程序。由于中断具有随机性,因此中断处理程序开始处需要保护现场,结尾处需要恢复现场。一般来讲,中断过程包括如下几步:

(1) 保护现场(push reg's)

由于中断处理程序中会用到一些寄存器,为了保证中断返回后能继续执行原程序,必须把中断处理程序中用到的寄存器压入堆栈予以保护,这一过程称为保护现场。

(2) 开中断(sti)

CPU 在中断响应期间已自动关中断,即 IF=0,禁止响应外部硬件中断请求,因此,在中断处理程序中需要用指令 sti 开中断实现中断嵌套,即允许高优先级别的中断打断低优先级别的中断。

(3) 执行中断处理

这是中断处理程序的核心部分,因中断源而异。

(4) 关中断(cli)

关中断的目的是为了中断返回能够顺利进行,而不会被其他的中断请求所中断。

(5) 恢复现场(pop reg's)

中断返回之前需要把之前压入堆栈的寄存器值送回原寄存器,保证中断处理程序顺利返回。

(6) 中断返回(iret)

中断处理程序的最后一条指令是用于返回目的的中断返回指令 iret,执行 iret 指令,将使 CPU 把堆栈内保存的断点信息弹出到 ip、cs 和 fr(flags)中,保证被中断的程序从断点处能够继续往下执行。

5. 中断返回

如前所述,中断处理程序最后是一条中断返回指令 iret,即回到断点地址处继续执行被中断的程序。

6.2.4 中断服务程序设计

一般而言,中断处理程序是由 DOS 和 BIOS 提供的,当用户编写自己的中断处理程序时,需要注意现场的保护、适时的开关中断以及中断向量的设置和获取等内容。

1. 中断指令

(1) 软中断指令 int

指令格式:

int n

需要注意的是外中断是由外设发出中断请求信号引起的,没有相应的中断指令。

int 指令的操作:

① 将 fr(flags)压入堆栈,相当于执行指令 push fr;

② 将 int 指令的下一条指令地址压栈,即把 cs 和 ip 的内容压栈,相当于执行指令段:

```
push    cs
push    ip
```

③ 取中断服务程序入口地址送入 cs 和 ip,相当于执行指令段:

```
mov     cs,[4 * n + 2]
mov     ip,[4 * n]
```

由此可见,CPU 执行软中断指令 int 相当于执行以下程序段:

```
push    f              ;保护标志寄存器的内容
push    cs             ;中断处理子程序是一个远过程,保护断点地址
push    ip             ;保护断点地址
mov     cs,[4 * n + 2];程序转移到 cs:ip 处执行中断处理子程序
mov     ip,[4 * n]
```

(2) 中断返回指令 iret

指令格式:

iret

指令完成的操作相当于执行以下程序段:

```
pop    ip
pop    cs
popf
```

以上操作的目的是保证中断处理程序能够正确地返回主程序,即恢复断点地址 cs:ip 和标志寄存器 fr 的内容。因此,该指令通常位于中断服务处理程序的结尾处。

2. 中断向量的设置和获取

由于中断向量位于内存的低端,系统每次启动时需要对其进行加载装入内存,因此,用户由于某种需要而编写中断处理程序时或者升级系统中断处理程序时,需要获取和设置中断向量。

(1) 中断向量的设置

设置中断向量常用方法一般有两种:直接写入法和 DOS 调用法。

直接写入法设置中断向量：

```
mov     ax,0
mov     ds,ax
mov     si,4 * n                       ;设置 n 号中断向量
cli                                    ;关中断
mov     word ptr [si],offset inthand   ;设置段内偏移地址
mov     word ptr [si + 2],seg inthand  ;设置段基地址
sti                                    ;开中断
```

inthand 为中断处理子程序的过程名；使用关中断指令 cli 的目的是确保设置中断向量的过程不被中断。另外，如果程序中包含数据段的话，就要采用下述方法设置中断向量。

```
mov     ax,0
mov     es,ax
mov     si,4 * n                          ;设置 n 号中断向量
cli                                       ;关中断
mov     es:word ptr [si],offset inthand   ;设置段内偏移地址
mov     es:word ptr [si + 2],seg inthand  ;设置段基地址
sti                                       ;开中断
```

DOS 调用法：

详细内容见 DOS 系统功能调用一节。使用功能号为 25h 的 DOS 功能调用可以设置中断向量，其使用方法如下：

```
mov     ah,25h             ;设置中断向量的功能号 25h
mov     al,n               ;设置中断类型码
mov     ds,seg inthand     ;设置中断向量的段地址
mov     dx,offset inthand  ;设置中断向量的偏移地址
int     21h                ;DOS 系统功能调用
```

执行完以上程序段，中断处理程序 inthand 的入口地址也就是类型号为 n 的中断向量写入中断向量表中的 4 * n、4 * n+1、4 * n+2、4 * n+3 这四个存储单元中。

(2) 中断向量的获取

获取中断向量也有两种方法：直接读取法和使用 DOS 功能调用法。

利用直接读取法读取 n 号中断向量，并保存在双字变量 oldvector 中。

```
xor     ax,ax
mov     es,ax
mov     ax,es:[4 * n]                  ;取段内偏移地址
mov     word ptr oldvector,ax          ;保存在双字变量的低字单元
mov     ax,es:[4 * n + 2]              ;取段基地址
mov     word ptr [oldvector + 2],ax    ;保存在双字变量的高字单元
```

DOS 功能调用法：利用功能号为 35h 的 DOS 功能调用可以取得指定中断号的中断

向量,其使用方法如下:

```
mov    al,n
mov    ah,35h
int    21h
```

执行以上程序段之后,es=中断处理程序的段基地址;bx=中断处理程序的偏移地址。

```
mov    ah,35h
mov    al,n
int    21h                    ;中断向量在 es:bx 中
mov    word ptr [oldvector + 2],es
mov    word ptr oldvector,bx
```

【例 6.3】 中断程序设计举例。编写输出字符串"OUTPUT STRING BY INT!"的中断处理程序,设中断号为 07。

```
data      segment
          string db ″OUTPUT STRING BY INT!″,0dH,0aH,″＄″
          oldvector dd ?
data      ends
code      segment
          assume  cs:code,ds:data
start：    mov     ax,data
          mov     ds,ax
          cli                     ;关中断
          xor     ax,ax           ;获取原有的 7 号中断向量
          mov     es,ax           ;保存到双字变量 oldvector 中
          mov     ax,es:[4 * 07];
          mov     word ptr oldvector,ax
          mov     ax,es:[4 * 07 + 2];
          mov     word ptr oldvector + 2,ax
          mov     ax,seg inthand          ;设置新的 7 号中断向量
          mov     es:[4 * 07 + 2],ax      ;inthand 的入口地址送到
          mov     ax,offset inthand    4 * 7,4 * 7 + 1,4 * 7 + 2,4 * 7 + 3 这四个单元
          mov     es:[4 * 07],ax
          sti                     ;开中断
          mov     cl,5
op：       int     07h             ;调用中断服务程序 inthand
          dec     cl
          jnz     op
          mov     ax,0            ;恢复原有的 7 号中断向量
```

```
        mov        ds,ax              ;即把 oldvector 中的值写入到
        mov        bx,4 * 7           ;4 * 7,4 * 7 + 1,4 * 7 + 2,4 * 7 + 3 这四个单元
        cli
        mov        ax,word ptr oldvector
        mov        es:word ptr[bx],ax
        mov        ax,word ptr [oldvector + 2]
        mov        es:word ptr[bx + 2],ax
        sti
        mov        ah,4ch             ;返回 DOS
        int        21h
inthand proc       far                ;中断处理程序必须为远过程
        push       ax                 ;现场保护
        push       bx
        push       cx
        push       dx
        sti
        lea        dx,string
        mov        ah,09
        int        21h
        pop        dx                 ;现场恢复
        pop        cx
        pop        bx
        pop        ax
        iret
inthand endp
code    ends
        end        start
```

6.3 DOS 系统功能调用

基于 X86 汇编语言源程序的实验及调试主要在 DOS 环境下进行,因而在进行汇编语言程序设计的学习中,有必要引入 DOS 系统功能调用这部分知识。同时,对这部分内容的学习和理解对进一步学习操作系统等内容也是有益的。

DOS(Disk Operating System)是 IBM PC 的磁盘操作系统,直接面向用户程序,对硬件依赖小,与 BIOS 相比,具有调用简单方便等优点,因此在一般情况下,建议尽可能地使用 DOS 功能,但在特殊的情况下,如 DOS 没有提供相应的功能时,则必须使用 BIOS 功能。DOS 模块和 BIOS 的关系如图 6-17 所示。

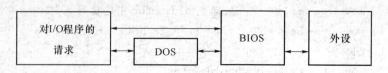

图 6-17   DOS 模块和 ROM BIOS 的关系

6.3.1   DOS 系统功能调用概述

DOS 提供了一组实现特殊功能的子程序,供程序员在程序中调用,以减轻编程工作量,同时为了方便程序员的使用,这些子程序编写成相对独立的模块并赋予一个编号,调用编了号的 DOS 功能子程序称为 DOS 功能调用或系统调用。用户程序在调用这些系统服务程序时,不是用 call 命令,而是采用软中断指令 int n 来实现。在 DOS 系统中,功能调用都是用软中断指令 int 21h 来实现的。表 6-2 列出了 IBM PC 系统主要的 DOS 中断类型。

表 6-2   DOS 中断类型

中断类型	中断类型
20h 程序结束	26h 绝对盘写入
21h 功能调用	27h 结束并留在内存
22h 结束地址	28-2eh 保留给 DOS
23h Ctrl-Break 出口地址	2fh 打印机
24h 严重错处理	30-3fh 保留给 DOS
25h 绝对盘读取	

DOS 系统功能调用通常有以下 4 个步骤:

(1) 设置入口参数。在调用前按要求准备好相应的入口参数。

(2) 功能号送入 ah 寄存器。

(3) int 21h。

(4) 分析出口参数。

6.3.2   基本 I/O 功能调用

关于数据输入和输出我们这里只讨论常用的键盘输入、显示输出及返回 DOS,调用系统功能需要提供入口参数及所调用的功能号,调用结束返回结果。在调用时须注意:不用 call 指令,而用软中断指令 int n。调用时,首先按照要求准备好相应的入口参数,然后执行 int 21h;最后分析出口参数,具体调用格式见表 6-3。

表 6-3   部分 DOS 功能调用格式

int	功能号(ah)	功能	入口参数	出口参数
21h	0h	返回 DOS	无	无
21h	01h	键盘输入一个字符	无	al=(键盘输入的 ASCII 码值)
21h	02h	屏幕上显示一个字符	dl=(要显示的字符 ASCII 码值)	无
21h	09h	屏幕上显示一个字符串	dx=(要显示的字符串的首地址)	无
21h	0ah	键盘输入一个字符串	dx=(存放字符串的缓冲区的首地址)	无
21h	4ch	返回 DOS	无	无

1. 从键盘接收一个字符(1 号功能)

1 号系统功能调用的格式如下:

```
mov    ah,1
int    21h
```

功能:从标准输入设备如键盘上读取一个字符,并将该字符显示在标准输出设备如显示器上。注意:如果用户键入的是 Ctrl+Break 或 Ctrl+C,系统会退出即结束该程序;否则将该字符的 ASCII 码值送入 al 寄存器中,并在屏幕上显示该字符。例如:

```
mov    ah,01h
int    21h
```

执行以上程序段,系统会等待用户从键盘输入,如果用户输入的是"a",则 al=61h。

【例 6.4】 利用 DOS 功能调用,编写具有应答功能的程序段。

```
get_key: mov    ah,1              ;等待键入字符
         int    21h              ;结果在 al 中
         cmp    al,"y"           ;是´y´?
         jz     yes              ;是,转 yes
         cmp    al,"n"           ;是´n´?
         jz     no               ;是,转 no
         jmp    get_key          ;否则继续等待输入
    yes:    …
    no:     …
```

2. 从键盘接收一个字符串(0ah 号功能)

0ah 号系统功能调用的格式如下:

```
;在数据段中定义一个存放输入字符串的缓冲区
    string db 10,?,10 dup(?)
    …
;把存放输入字符串的缓冲区首地址送寄存器 dx
    lea dx,string
    mov ah,0ah
    int 21h
```

功能:0ah 号系统功能是接收用户从键盘输入的字符串信息。由于是字符串信息,所以必须在调用 0ah 号功能之前事先在内存即数据段中定义一个缓冲区,缓冲区的大小视具体的需要而定。缓冲区的格式如图 6-18 所示。

N1	N2	预留的N1-1个储存单元	ODH

N1: 缓冲区长度(最大输入字符数)

N2: 实际输入的字符数(不包括回车符)

图 6-18 缓冲区的格式示意图

若用户输入的字符数(包括回车)≥定义的 N1,本功能调用将不再接收新的输入,且光标不再向右移动。读者需要注意,该功能调用不允许用户输入扩展的功能键,如 F2、Home、End、Arrows 等。如果用户输入这些键的话,需要使用 int 16h 或 int 21h 的 01h 号功能。

【例 6.5】 编写一程序,从键盘读取字符串,将其中的小写字母转换成大写字母。

分析:直接采用 0ah 号功能实现字符串的接收。首先,在数据段定义缓冲区,在这里缓冲区大小为 20,用来存放实际输入的字符信息,接下来对输入的字符进行判断,如为小写字母则将其 ASCII 码值减 20h,转换为对应的大写字母进行保存,否则直接保存。

```
data      segment
          string db 20,?,20 dup(?)
          buffer db 20 dup(?)
data      ends
code      segment
          assume  cs:code,ds:data
start:    mov     ax,data
          mov     ds,ax
          lea     dx,string         ;从键盘接收一个字符串
          mov     ah,0ah
          int     21h
          lea     bx, string        ;将接收字符串的缓冲区首地址送 bx
          lea     si, buffer        ;将存放转换好字符的缓冲区首地址送 si
          xor     ch,ch
          mov     cl,[bx+1]         ;将实际输入的字符串的长度值送 cx
next:     mov     al,[bx+2]         ;对字符逐个判断
          cmp     al,61h            ;与"a"比较
          jb      save
          cmp     al,7ah            ;与"z"比较
          ja      save
          sub     al,20h            ;若是小写字母,减 20h,转换成大写字母
save:     mov     [si],al           ;保存不需要转换和已转换好的字符
          inc     si                ;修改指针,指向下一个字符
          inc     bx                ;修改指针,指向下一个字符
          loop    next
          mov     ah,4ch            ;返回 DOS 操作系统
          int     21h
code      ends
          end     start
```

说明：本例题还可采用 1 号 DOS 系统功能调用实现边接收边转换。首先用 1 号功能调用键盘的输入，判断输入的字符是否为回车键，若是，则程序结束退出；否则先判断后转换。读者可仿照例 6.5，自行写出程序代码。

3. 显示一个字符(2 号功能)

2 号系统功能调用的格式如下：

```
mov  dl,41h  ;要显示的字符的 ASCII 码值送 dl
mov  ah,2
int  21h
```

功能：向标准输出设备输出一个字符，通常标准输出设备就是显示器。

4. 屏幕显示字符串信息(9 号功能)

9 号功能调用应用如下：首先在数据段中定义一个要显示的字符串。

```
string db ˝HOW ARE YOU! $˝
……

lea  dx,string            ;要显示的字符串首地址送 dx
mov  ah,09                ;9 号功能调用
int  21h
```

执行了上述程序段后，在屏幕上输出一个字符串 HOW ARE YOU!，字符串在数据段中进行定义。注意：字符串必须以"＄"字符作为结束标记。

5. 返回 DOS 的方法

(1) 4ch 号功能调用

4ch 号功能调用的格式如下：

```
mov  ah,4ch
int  21h
```

功能：在用户程序结尾处插入以上语句，程序会返回 DOS。

(2) 中断调用 20h

调用格式如下：

```
int  20h
```

功能：在程序结尾处插入这条语句，系统会执行类型号为 20h 的中断服务程序，该程序的功能也是返回 DOS。

(3) 0 号功能调用

0 号功能调用的格式如下：

```
mov  ah,0
int  21h
```

功能：通过执行 int 20h 达到返回 DOS 操作系统的目的。

以上三种方法中，最常用的是第一种方法，后两种方法仅适用于结构紧凑的.com程序。

6.3.3　DOS 系统功能调用应用举例

【例 6.6】　DOS 系统功能调用综合举例,实现输出"To input:"的提示信息,并等待从键盘输入一串字符送给 buffer 缓冲区,然后把输入的字符显示在屏幕上。

```
data    segment
  buffer    db 60,?,60 dup('$')      ;定义缓冲区,用于接收键盘输入的字符串
  print     db 'TO INPUT:','$'        ;定义要向屏幕输出显示的字符信息
  crlf      db 0dh,0ah,'$'            ;定义回车、换行 ASCII 字符
data    ends
code    segment
        assume   cs:code,ds:data
main    proc    far
start:  mov    ax,data
        mov    ds,ax
        mov    ah,9           ;调用 9 号功能,准备输出一字符信息
        lea    dx,print       ;要向屏幕输出的字符串的首地址 dx
        int    21h
        mov    ah,0ah         ;调用 0ah 号功能,从键盘接收一字符串
        lea    dx,buffer      ;用于存放字符串缓冲区的首地址送 dx
        int    21h
        mov    ah,9           ;输出回车换行符,以使光标停留在新行首
        lea    dx,crlf
        int    21h
        mov    cl,buffer+1    ;将收到的字符个数放在 cx 中
        xor    ch,ch
        lea    si,buffer+2    ;si 指向接收到的第一个字符
        mov    ah,2
next:   mov    dl,[si]        ;装入 si 指向的字符
        int    21h            ;显示指向的字符
        inc    si
        loop next
        mov    ax,4c00h
        int    21h
        ret
main    endp
code    ends
        end    start
```

说明:利用回车换行键等控制字符可以有效地实现对屏幕显示的控制。如输出回车换行控制字符将使光标移到下一行的行首,便于阅读。输出回车换行的方法有两种。第一种方法见例6.6,第二种方法如下:

```
cr    equ 0dh
lf    equ 0ah
```

这种方法与第一种方法相比,优点是无须占用内存。

【例6.7】 利用DOS功能调用向屏幕输出一个金字塔图形。

分析:输出金字塔形状的字符,主要用到了循环,最重要的是公式$(i-1)*2+1$,该式表示每行输出的字符个数,i表示行号。另外,如果用BIOS中断的话,代码可以更灵活,图像更美观。

```
code      segment
          assume cs:code
start:    mov  cl,6            ;空格输出个数的初始值
          xor  ch,ch           ;代表行号,初始值为0
next:     mov  bl,cl           ;空格输出个数的值先保存起来
          mov  ah,2            ;根据要求输出指定数目的空格
space::   mov  dl,20h
          int  21h
          dec  bl
          jnz  space
          mov  bh,ch           ;行号先保存
          shl  bh,1            ;计算第n层的*的个数的公式为(i-1)*2+1
          inc  bh
          mov  dl,2ah          ;输出bh寄存器中指定数目的星号
start:    mov  ah,2
          int  21h
          dec  bh
          jnz  start
          mov  dl,0dh          ;回车换行控制字符的输出
          int  21h
          mov  dl,0ah
          int  21h
          inc  ch              ;修改行号
          dec  cl              ;修改空格的数目
          jnz  next
          mov  ah,4ch
          int  21h
```

```
code    ends
        end  start
```

6.4　BIOS 中断

BIOS(Basic Input and Output System)即基本输入输出系统,是固化在计算机主板上一个 ROM 芯片中的一组子程序,分配给该 ROM 芯片的地址为存储器系统的高端地址:0fe000h～0fffffh(大小共计 8KB)。BIOS 的主要功能包括:系统加电自检、引导装入、系统设置信息以及硬件中断服务程序等。其主要功能是为计算机提供最底层的、最直接的硬件设置和控制,因此使用 BIOS 功能调用,程序员不必了解硬件 I/O 接口的特性,极大地减轻了编程负担。程序员直接用指令设置参数,然后调用 BIOS 中的程序,所以利用 BIOS 功能编写的程序简洁,可读性好,而且 BIOS 中断功能要比 DOS 中断功能更强大,表 6-4 列出了 IBM PC 系统主要的 BIOS 中断类型。

表 6-4　BIOS 中断类型

中断类型	中断类型
10h 显示器	16h 键盘
11h 设备检验	17h 打印机
12h 内存大小	18h 驻留 BASIC
13h 磁盘	19h 引导
14h 通信	1ah 时钟
15h I/O 系统扩充	40h 软盘

6.4.1　BIOS 键盘 I/O 程序设计

1. 基础知识

键盘是计算机的最基本的输入设备之一,键盘上的按键主要包括:字符键(如字母、数字和标点符号等)、功能键(如 F2、Insert 插入键等)和控制键(如 Enter 键等)。

(1) 扫描码(scan code)

通常,一个键有按下和释放两个状态,因此键盘上的每一个键都有两个唯一的数值进行标志。当一个键按下时,产生一个唯一的数值,称为通码(make code);当一个键被释放时,同样会产生一个唯一的数值,即断码(break code)。我们把这些数值都保存在一张表里面,需要时通过查表就可以知道是哪一个键被按下,并且可以知道按键的状态。这些数值在系统中被称为键盘扫描码,其码值与所在的键盘位置有关。目前现存有 3 种扫描码集:主要用于原始 XT 键盘的第一套扫描码集(Scan Code Set1),现代键盘默认使用的第二套扫描码集(Scan Code Set2)和主要用于 PS/2 键盘的第三套扫描码集(Scan Code Set3)。其中,第一套扫描码集的通码和断码都是单字节,差别仅体现在最高位,即将通码的最高位置 1 就是断码了,而在第二套扫描码集中,按键的断码用两个字节来表示,如字母"A"的通码为 1ch,断码为 f01ch。

(2) 键盘缓冲区

从内存 0040:001ah 处开始,定义了大小为 16 个字的循环队列。当程序调用 BIOS 获取键盘输入时,BIOS 会从缓冲区中读取出内容。

2. BIOS 键盘功能调用

BIOS 键盘中断的中断类型号为 16h,提供了 3 个不同的功能,详见表 6-5。

表 6-5　BIOS 键盘中断(int 16h)

ah	功　能	返回参数
0	从键盘读一字符	al＝字符 ASCII 码值;ah＝扫描码
1	读键盘缓冲区的字符	IF ZF＝0;THEN al＝字符码值,ah＝扫描码;ELSE 缓冲区空
2	取键盘状态	al＝键盘状态

(1) 0 号功能:从键盘读入一个字符

0 号功能调用的格式如下:

```
mov    ah,0
int    16h
```

功能:键入字符的 ASCII 码放在 al 中,该字符的扫描码放在 ah 中;如果键盘没有键按下,则系统会一直处于等待状态。

(2) 1 号功能:读键盘缓冲区的字符

1 号功能调用的格式:

```
mov    ah,1
int    16h
```

功能:根据 ZF 的值判断有无键的按下,若 ZF＝1,则无键按下,相当于键盘缓冲区为空;若 ZF＝0,则按键的 ASCII 码放在 al 中,扫描码放在 ah 中。与 0 号功能不同的是,若无键按下,则直接返回。

【例 6.8】 编写一程序,利用 BIOS int 16h 0 号和 1 号功能,获取数字 0~9 的 ASCII 码和相应的扫描码,并分别存放到数据段的变量 ascii_code 和 scan_code 中。

编写汇编程序如下:

```
data    segment
ascii_code   db 10 dup(?)              ;用于存放 0~9 的 ASCII 码
scan_code    db 10 dup(?)              ;用于存放 0~9 的扫描码
data    ends
code    segment
assume   cs:code ,ds:data
```

```
start:   mov   ax,data
    mov   ds,ax                      ;初始化 ds
    mov   cx,10                      ;设置循环次数
    mov   si,offset ascii_code
    mov   di,offset scan_code
wait:  mov   ah,1
    int   16h
    jz   wait                        ;无键按下则等待
next:  mov   ah,0
    int   16h                        ;调用 0 号功能读取键盘
    mov   [si],al                    ;保存 ASCII 码
    mov   [di],ah                    ;保存扫描码
    inc   si
    inc   di
    loop   next                      ;循环 10 次
    mov   ah,4ch
    int   21h
code   ends
    end   start
```

说明:运行该程序时,用户直接从键盘输入 0～9 十个数字,程序的运行结果可在 debug 或其他的调试器中进行查看。

6.4.2　BIOS 显示 I/O 程序设计

1. 基础知识

显示器通过显卡和计算机相连,常见显卡的种类包括:MDA(单色字符显示卡)、CGA(彩色图形显示卡)、EGA(增强彩色图形显示卡)和 VGA(视频图形阵列卡)等。一般来讲,显卡支持两种工作模式:字符显示方式和图形显示方式。字符显示方式又称为文本方式,即屏幕上只能看到显示的字符,这里的字符包括:字母、数字和一些简单的图形符号。在图形显示方式中,显卡把屏幕分成 $M \times N$ 的点阵,每个点称为像素,用坐标来区分不同的像素。

2. BIOS 显示功能调用

BIOS 中提供的显示调用 int 10h 的具体功能见表 6-6。

表 6-6 BIOS 显示中断 (int 10h)

功能号	功能描述	功能号	功能描述
00h	设置显示方式	0bh	设置彩色调色板
01h	设置光标大小	0ch	写像素
02h	设置光标位置	0dh	读像素
03h	返回光标状态	0eh	打字方式写
05h	选择活动页	0fh	读取当前显示方式
06h	上卷屏幕	10h	保存调色板寄存器
07h	下卷屏幕	11h	保存字符发生器
08h	读字符/属性	12h	选择可选例程
09h	显示字符/属性	13h	显示字符串
0ah	显示字符	1bh	返回视频信息

下面介绍几种常用的 int 10h 的显示功能。

(1) 0 号功能——设置显示方式

int 10h 中的 0 号功能允许用户设置显示方式:文本方式或者图形方式。从表 6-7 和表 6-8 可以看出,al=0~3 时,显卡工作在文本方式,文本方式通常用来处理字母、数字或简单的符号等信息。al=4 及以上为图形方式,图形方式通常利用像素来制作彩色图形。若显卡工作在图形方式,光标将消失,即光标只能出现在文本方式。

格式:mov   al,"显示方式号"

       mov   ah,0

       int   10h

功能:执行该程序段后,屏幕设置为相应的显示方式。

表 6-7 常见的视频文本方式

显示方式(al)	列×行	颜色数量
0	40×25	16
1	40×25	16
2	80×25	16
3	80×25	16

表 6-8 常见的视频图形模式

显示方式(al)	类型	分辨率	颜色数量
04h	彩色	320×200	4
05h	彩色	320×200	4
06h	彩色	640×200	2
0dh	彩色	320×200	16
0eh	彩色	640×200	16

续表

0fh	单色	640×350	1
10h	彩色	640×350	16
11h	彩色	640×480	2
12h	彩色	640×480	16
13h	彩色	320×200	256

（2）1 号功能——控制光标的显现与隐藏

首先，光标不是 ASCII 字符表中的字符，常见的光标符一般是一个下划线或方块符，利用 int 10h 的 1 号功能使光标显现或关闭。用寄存器 ch 中的 D4 位来控制光标的显现或隐藏，如果 ch 中的 D4＝1，则光标隐藏；否则光标显现。

```
;关闭光标的程序如下:
or      ch,00010000b
mov     ah,1
int     10h
;显现光标的程序如下
and     ch,11101111b
mov     ah,1
int     10h
```

除此之外，1 号功能还可以控制光标的大小，ch 和 cl 的低四位分别用来表示光标的开始和结束。

（3）2 号功能——设置光标位置

int 10h 的 2 号功能设置光标位置。光标的行号放在寄存器 dh 中，列号放在寄存器 dl 中。显示器在文本显示方式下，通常是 25 行×80 列，且行、列的最小值都为 0。如果行列为(0,0)，则光标位于屏幕的左上角；(24,79)是屏幕的右下角。例如，设置光标位于屏幕的左上角：

```
mov     dh,0
mov     dl,0
mov     ah,2
int     10h
```

（4）3 号功能——读光标位置

int 10h 的 3 号功能是读光标位置，页号在 bh 中指定，范围从 0～7。光标位置的行号返回给寄存器 dh，列号返回给 dl。

```
;读 0 页的当前光标位置
mov     ah,3
mov     bh,0
int     10h
```

（5）9 号和 0ah 号功能——字符显示

int 10h 的 9 号功能和 0ah 号功能把一个字符送到显示器显示,由于显示完后,光标会返回到初始位置,所以必须使用 int 10h 的 2 号功能将光标移到下一个字符的位置。这两种功能的区别是:0ah 号功能仅输出字符,而 9 号功能不仅输出字符,还输出字符的属性到当前光标位置上。从表 6-9 可以看出,每个字符在文本方式下,可以显示 8 种颜色,由属性字节 D2~D0 的组合值决定;字符的亮度有两种,一种是正常亮度,另一种是高亮度,由属性字节的 D3 位决定;字符的背景色有 8 种,由 D6~D4 的组合值决定;最后,字符还可以选择闪烁或不闪烁显示,由 D7 位的值来决定。

表 6-9 属性字节格式

背景				前景			
BL	R	G	B	I	R	G	B
D7	D6	D5	D4	D3	D2	D1	D0

D7:1 表示闪烁;0 表示无闪烁。

D6~D4:确定字符的背景颜色。

D3:0 表示正常亮度;1 表示高亮度。

D2~D0:确定字符的前景颜色。

如果两个字符采用同一前景色值,但一个是正常显示,另一个是高亮显示,肉眼所看到的颜色会略有不同,高亮显示的字符颜色看上去会略淡些,因此,我们可以认为前景有 16 种颜色选择,具体见表 6-10。

表 6-10 字符背景色和前景色字节格式

颜色	I	R	G	B	颜色	I	R	G	B
黑	0	0	0	0	灰	1	0	0	0
蓝	0	0	0	1	浅蓝	1	0	0	1
绿	0	0	1	0	浅绿	1	0	1	0
青	0	0	1	1	浅青	1	0	1	1
红	0	1	0	0	浅红	1	1	0	0
品红	0	1	0	1	浅品红	1	1	0	1
棕	0	1	1	0	黄	1	1	1	0
白	0	1	1	1	亮白	1	1	1	1

【例 6.9】 置光标到 0 显示页的(5,5)位置,并显示 10 个白底红色的字符"*"。

```
mov    ah,2                    ;设置光标位置功能号
mov    bh,0
mov    dh,5                    ;行号 5
mov    dl,5                    ;列号 5
int    10h
mov    ah,9                    ;字符及字符属性显示
mov    al,"*"                  ;准备显示的字符
```

```
mov    bh,0                    ;页号 0
mov    bl,74h                  ;显示白底红字
mov    cx,10                   ;字符重复的个数
int    10h
```

【例6.10】 在 0 显示页的(0,0)位置读取字符和属性。

分析:8 号功能读取当前光标位置的属性,ah=字符属性,al=字符。

```
mov    ah,2      ;设置当前光标位置在 0 页的(0,0)位置
mov    bh,0
mov    dh,0
mov    dl,0
int    10h
mov    ah,8      ;读取光标处的字符及属性,存放到返回参数
mov    bh,0      ;al 及 ah 中
int    10h
```

(6) 06h——上卷屏幕

在文本或图形方式下,int 10h 的 06h 号功能执行向上卷动若干行的功能。在屏幕的顶部卷出,在屏幕的底部出现空白行。

【例6.11】 编写程序使屏幕上卷 5 行。

```
;al = 上卷行数(00 表示清屏)
;bh = 属性值或像素值
;cx = 起始行:列
;dx = 结束行:列
mov    ah,6        ;执行上卷屏幕操作的功能
mov    al,5        ;上卷行号为 5 行
mov    cx,0000h    ;起始行列号为 00:00
mov    dx,184fh    ;结束行列号为 24:79(全屏)
int    10h         ;显示 BIOS 中断
```

【例6.12】 编写一程序,使用 BIOS 显示中断,实现清屏,并在屏幕的中央输出红色"HOW ARE YOU!"字符信息。

方法1:调用单字符显示的 9 号功能实现字符串的输出。

```
data    segment
        msg     db "HOW ARE YOU!"
        count   equ $-msg
data    ends
code    segment
        assume  cs:code,ds:data
start:  mov     ax,data
        mov     ds,ax
```

```
        mov     ah,2                ;设置光标位于屏幕的中央
        mov     bh,0                ;页号 0
        mov     dh,12               ;12 行
        mov     dl,35               ;35 列
        int     10h
        mov     al,0                ;清屏
        mov     ah,6
        mov     cx,0
        mov     dx,184fh
        int     10h
        mov     ah,9                ;单字符输出功能
        mov     bh,0
        mov     bl,04               ;输出红色字符
        mov     cx,count            ;输出的字符的个数
        lea     si,msg+count-1      ;字符串中的末字符
lp:     mov     al,[si]
        dec     si
        int     10h
        loop    lp
        mov     ah,4ch
        int     21h
code    ends
        end start
```

方法 2:调用字符串显示的 13h 号功能实现字符串的输出。

```
data    segment
        msg   db "HOW ARE YOU!"
        count   equ $-msg
data    ends
code    segment
        assume  cs:code,ds:data
start:  mov     ax,data
        mov     ds,ax
        mov     al,3                ;设置彩色文本方式 80 * 25
        mov     ah,0
        int     10h
        mov     al,0                ;清屏
        mov     ah,6
        mov     cx,0
```

```
        mov     dx,184fh
        int     10h
        mov     ah,2              ;设置光标位于屏幕的中央
        mov     bh,0
        mov     dh,12
        mov     dl,30
        int     10h
        mov     ax,seg msg        ;字符串的段基地址送到 es
        mov     es,ax
        mov     bp,offset msg     ;字符串的偏移地址送到 bp
        mov     cx,count          ;字符串的长度送到 cx
        mov     bl,04h            ;字符的属性即黑底红字
        mov     al,1              ;显示字符串
        mov     ah,13h
        int     10h
        mov     ah,4ch            ;返回 DOS
        int     21h
code    ends
        end start
```

6.5 习 题

1. 选择题(请从以下各题给出的 A、B、C、D 四个选项中,选择一个正确的答案。)

(1) DOS int 21h 的( )功能能够实现单字符输出。

A. 1 号　　　　　　　B. 2 号　　　　　　C. 9 号　　　　　　　D. 0ah 号

(2) DOS int 21h 的( )功能能够实现返回 DOS。

A. 1 号　　　　　　　B. 2 号　　　　　　C. 4ch 号　　　　　　D. 0ah 号

(3) DOS 功能调用将其功能号送往寄存器( )。

A. al　　　　　　　　B. ah　　　　　　　C. dx　　　　　　　　D. bh

(4) 8086/8088CPU 中,可屏蔽中断请求引脚的有效电平为( )。

A. 低电平　　　　　B. 高电平　　　　　C. 下降沿　　　　　D. 上升沿

(5) 8086/8088CPU 中,非屏蔽中断请求引脚的有效电平为( )。

A. 低电平　　　　　B. 高电平　　　　　C. 下降沿　　　　　D. 上升沿

(6) debug 调试工具是汇编语言最有力的调试手段,当用 D 命令时显示结果如下:

0000:0080　72 10 a7 00 7c 10 a7 00 - 4f 03 62 06 8a 03 62 06

0000:0090　17 03 62 06 86 10 a7 00 - 90 10 a7 00 9a 10 a7 00

int 21h 是最常用的 DOS 中断,试确定 int 21h 的中断向量为( )。

A. 1072h:00a7h   B. 7c10h:a700h

C. 00a7h:107ch   D. 00a7h:1072h

(7) 8086CPU 采用向量中断方式处理接口中断,若某中断的中断向量在内存 RAM 的 0:190H 开始的连续四个单元存放,该中断的类型号是(　　)。

A. 64h   B. 19h   C. 76h   D. 0c8h

(8) 下列引起 CPU 程序中断的 4 种情况,哪一种是非屏蔽中断?(　　)

A. INT0   B. NMI   C. INTR   D. INT n

(9) 执行 INT n 指令或响应中断时,CPU 保护现场的次序是(　　)。

A. CS→IP→FR   B. FR→CS→IP   C. IP→CS→FR   D. FR→IP→CS

(10) 在 PC/XT 机中键盘的中断类型码是 09h,则键盘中断矢量存储在(　　)单元。

A. 36h～39h   B. 24h～27h   C. 18h～21h   D. 18h～1Bh

(11) 中断服务程序可放在内存(　　)。

A. 用户区   B. 任何区域   C. 高端区域   D. 低端区域

(12) 中断向量表存放在内存(　　)。

A. 用户区   B. 任何区域   C. 高端区域   D. 低端区域

2. 填空题(请从以下各题留出的空格位置中,填入正确的答案。)

(1) CPU 与外设之间常用的数据传送方式有_____、_____和_____。

(2) 根据存放的信息类别不同,I/O 端口可分为_____、_____、_____和_____。

(3) 数据端口的传输方向可以为_____,状态端口的传输方向为_____,命令端口的传输方向为_____。

(4) 输入/输出指令中,对端口的寻址方式包括_____和_____。

(5) 输入/输出指令采用间接寻址时,使用的间接寻址寄存器是_____。

(6) 计算机对 I/O 端口编址有_____和_____两种方式。

(7) 8086/8088 的 I/O 地址空间具有_____个 8 位端口地址。

(8) 计算机对端口地址译码有_____和_____两种方式。

(9) 计算机执行 int n 指令时,会依次将_____、_____和_____入栈,执行 iret 指令时,会依次将_____、_____和_____出栈。

(10) 中断类型码为 21h 的中断,其中断服务程序的入口地址一定存放在_____、_____、_____和_____这 4 个地址单元中。若这四个单元中的内容为 11h、22h、33h 和 44h,则中断服务程序的入口逻辑地址为_____,相应的物理地址为_____。

(11) 调用系统中断有_____和_____两种方式。

3. 简答题

(1) 什么是中断?中断的处理过程包括哪些步骤?

(2) 什么是中断源?IBM PC 系列机有几种中断?

(3) 硬件中断和软件中断有哪些不同之处?

(4) 比较中断服务例程(中断处理子程序)和一般的子程序的异同之处。

(5) 什么叫中断向量?什么叫中断向量表?

（6）CPU 响应可屏蔽中断应满足什么条件？

（7）8086/8088 在得到中断向量号后，如何找到中断服务程序的入口地址？

4. 编程题

（1）编写程序段，设置光标停留在第 3 行，第 50 列。

（2）编写程序段，清屏，使用彩色属性 71H。

（3）在文本方式下，什么属性值产生以下各种显示属性？

① 黑底白字

② 黑底白字，下画线

③ 白底黑字

④ 蓝底红字，闪烁

（4）写出程序段：

① 设置 80 列黑白方式。

② 把光标设置在第 10 行的开始处。

③ 下卷 10 行。

④ 显示 5 个闪烁的"＊"号。

（5）要求编制一个完整的源程序，首先在屏幕的中部建立一个 9×20 的窗口，接下来，键盘输入的字符在这个窗口中显示出来，如果键盘输入的字符超过 9 行，则屏幕顶端的内容就会丢失，即屏幕向上卷动。

（6）在屏幕中间建立一个 50 列×25 行反相显示的窗口，在窗口最上面一行显示一个菜单栏：File Edit View Insert Options Windows Help，字体的属性为青底淡红显示。

第 7 章　汇编语言与 C 语言的混合编程

由于简单、高效、灵活等优点，C 语言成为一种应用极为广泛的高级语言，然而与 C 语言等高级语言相比，汇编语言具有运行速度快、占用内存小及可直接访问硬件等优点。因此，在实际的软件开发工作中，为了充分利用高级语言高效的特点，代码的 80% 通常利用高级语言来实现，而对于访问速度要求高、运行次数多的剩下 20% 部分则可采用汇编语言进行开发，这就是汇编语言与高级语言的混合编程。混合编程是指采用两种或两种以上的编程语言组合编程，彼此相互调用，进行参数传递，共享数据结构及数据信息的编程方法。通过混合编程，可以充分发挥各种语言的优势，进而达到缩短系统开发周期，降低系统开发难度，提高系统运行速度等目的。

如何使用 C 语言和汇编语言实现混合编程呢？首先要明确的是不同的编译器有不同的实现方法，但这些方法本身并无本质上的不同。一般来讲，混合编程有两种方法：一种是在 C 语言中嵌入汇编语言，另一种是 C 语言从外部调用汇编语言。本章重点讲述汇编语言与 Turbo C 3.0 语言之间的混合编程，通过讨论接口（interface）和参数的传递等内容展开混合编程的学习。本章 7.1 节讲述混合编程的有关约定，包括：入口参数的传递规则、返回值传递规则以及寄存器保护规则等。7.2 节讲述如何在 Turbo C 中编写内联汇编（In-Line Assembly）代码，该方法也被称为行内汇编。7.3 节讲述如何通过模块连接方式实现混合编程。

7.1　混合编程的基本约定

由定义可见，混合编程需要使用不同的语言进行模块间的相互调用、变量的传递及结果的返回，因此进行混合编程的关键问题就是设计不同语言之间的接口，实现两者之间的有效通信。具体来说，进行混合编程时，需要考虑以下一些因素：

（1）过程及变量命名的规则。汇编语言与 C 语言的命名规则是否一致，如存在冲突，应如何解决。

（2）汇编语言是按照段的结构来进行组织的，如代码段、数据段、堆栈段等；C 语言通过编译之后先生成汇编语言源程序，再生成目标文件，最后是可执行文件。因此，汇编语言中的段名必须与 C 语言的段名相兼容。

（3）被调用的过程必须进行现场保护，这也是子程序设计时首先要考虑的问题。Turbo C 使用寄存器 si 和 di 作为寄存器变量，因此在被调用的汇编语言子程序中需要对这两个寄存器进行入栈保护。

（4）参数传递以及参数传递的顺序。参数传递方式包括：寄存器传递、堆栈传递以及共享内存传递。参数传递的顺序包括两种：一种是从左向右传递，如 BASIC、FORTRAN、PASCAL 等；另一种是从右向左传递，如 C 语言。

（5）调用结果的返回。当 C 程序需要从被调用的汇编子程序获得某个参数时，通常采用寄存器来传递。如返回的参数类型是 char、short，则通过 al 来返回；如返回的参数类型是 int，则通过 ax 来返回；如返回的参数类型是 long，则通过 dx:ax 来返回。

7.2　C 语言嵌入汇编

汇编语言与 C 语言的混合编程主要有两种方式。一种是嵌入汇编方式，另一种是模块连接方式。嵌入汇编又称行内（In-Line）汇编，就是在 C 语言源程序中嵌入汇编语言语句。C/C++语言编译器提供了嵌入式汇编功能，如 Turbo C、Borland C++、Microsoft C/C++、Visual C++。本章采用的编译器为 Turbo C 3.0，当 C 编译器检测到含有汇编语句的 C 源程序时，首先将.c 源程序编译成.asm 源程序，然后再通过 tasm 编译生成目标文件（.obj），最后通过 tlink 将目标文件连接生成可执行文件（.exe）。嵌入式汇编不必考虑 C 语言和汇编语言的接口问题，因此具有较高的效率。

7.2.1　嵌入汇编语句的格式

Turbo C 语言程序中，嵌入汇编语言指令格式如下：

asm 操作码 操作数 ＜;或直接换行＞

操作码可以是 8086 指令集、数据定义伪指令 DB、DW、DD 和外部数据说明伪指令 extern。内嵌的汇编语句可以用分号或换行结束，而且 asm 语句是 C 程序中唯一可以用换行结束的语句。需要注意内嵌的汇编语句中出现的分号是语句的结束，不是对语句的注释，如需增加注释，须采用 C 的注释方法/**/。例如：

asm　　mov ax,ds;　　　　　　/* 把 ds 的值传送给 ax */

除了 8086 指令系统中允许的操作数之外，内嵌的汇编语句中的操作数还可以是 C 语言源程序中的任何标识符，如变量、常量、函数名和函数参数等。例如：

char　　* message = "string from C! $";

asm　　　mov dx, message　　　　　/* 汇编语句直接访问 C 变量 message */

嵌入汇编比调用汇编子程序方便、灵活，功能也更强。但嵌入汇编不是一个完整的汇编程序，所以许多错误不能马上检查出来，增加了调试的难度。

7.2.2　嵌入汇编数据的访问

嵌入汇编语句中的操作数可以是指令允许的立即数、寄存器以及 C 语言程序的任何标识符。操作数中的立即数可以采用 C 或者汇编语言的数据表示方式，例如十六进制数据 ffff 可以采用 0xffff（C 语言表示方法）或 0ffffh（汇编语言表示方法）任何一种形式来表示。嵌入式汇编语句中的操作数可以直接引用 C 语言的标识符，需要注意的是编译程序会将标识符前加下画线"_"。

【例7.1】 通过C语言和汇编相互调用,向屏幕输出一个字符串信息。

```
/* ch701.c */
main()
{
    char * message = "output from assembly! \n$";
    asm mov ax,0x900          /* C语言表示数据方式 */
    asm mov dx,message        /* 将字符串的首地址送给dx */
    asm int 21h               /* 汇编语言表示数据方式 */
    return(0);
}
```

程序说明:

(1) 通常,C程序中的字符串以null字符作为结束标记,而例7.1中却定义一个以"$"字符作为结束标记的字符串,这是因为程序中调用DOS系统功能int 21h来实现字符串的输出。

(2) 嵌入式汇编语句中的操作数采用了C语言和汇编语言两种表示数据的方法。

(3) 程序运行后得到的结果是输出字符串"output from assembly!"。

【例7.2】 统计字符串中字符的个数,并将结果显示出来。

```
/* ch702.c */
include <stdio.h>
void count(char * string)
{
    asm mov si,string       /* 字符串的指针送到寄存器si */
    asm xor cl,cl           /* 字符串的长度初始化为0,放在寄存器cl */
lp: asm mov al,[si]
    asm cmp al,0h           /* C语言中,字符串的结束标记是null */
    asm jnz cnt
    asm mov al,cl
    asm xor ah,ah
    return(_ax)             /* 返回参数放在指定的累加器ax中 */
cnt: asm inc cl
    asm jmp lp
}
main()
{
    char str[] = "a program mixed with c and assembly!";
    printf("the number is %d\n",count(str));
    return(0);
}
```

程序说明：

（1）嵌入式汇编语句中可使用无条件、条件转移和循环指令，但要注意，它们只在一个函数内部转移；转移指令的目标必须是 C 语句的标号，即 asm 语句不能定义语句标号，如例 7.2 中的语句 cnt：asm inc cl。

（2）虽然嵌入汇编支持数据定义伪指令 db、dw 和 dd，但是，一般情况下，用 C 语言进行变量定义，如 char str[]。

（3）源程序经编译连接后，运行结果如下：the number is 39。统计的结果以十进制显示。

【例 7.3】 有一数组，把其中的元素扩大 1 倍并输出。

```
/ * ch703.c * /
# include <stdio.h>              / * 包含输入输出头文件 * /
main()
{
        int i;
        int a[5] = {1,2,3,4,5};       / * 定义数组并赋值 * /
        for(i = 0;i<5;i++)
        printf("%d",a[i]);          / * 打印输出原数组 * /
        asm lea bx, a              / * 数组首地址送到寄存器 bx * /
        asm mov cx,5              / * 数组元素的个数 * /
aa：    asm mov al,[bx]           / * 获取数组元素 * /
        asm shl al,1              / * 左移 1 位相当于扩大 1 倍 * /
        asm mov [bx],al           / * 结果保存 * /
        asm inc bx               / * 修改指针,指向下一个数组元素 * /
        asm inc bx
        asm dec cx
        asm jnz aa
for     (i = 0;i<5;i++)
        printf("%d",a[i]);
        return(0);
}
```

程序说明：

（1）嵌入汇编语句 lea bx,a 中，直接访问 C 程序变量 a。

（2）C 程序中，整形变量长度为 2 个字节，因此指针需要加 2 指向下一个数组元素。

（3）源程序经编译连接后，运行结果如下为 1 2 3 4 5 2 4 6 8 10。

（4）读者可在此程序基础上，考虑当数组长度未知的情况下，如何实现该程序的功能。提示：可参考例 7.2 计算数组长度的算法。

通过以上例题不难发现，嵌入式汇编是把汇编语句作为 C 程序的一个组成部分，用 C 语言而非汇编语言的编译器进行编译生成一个".obj"文件，因此嵌入式汇编具有方便、快捷等优点。

7.2.3 编译连接的方法——命令行方式

以上 C 程序编辑完成之后,可采用 Turbo C 按照命令行方式进行编译连接。在命令行输入如下编译命令,选项-I 和-L 分别指定头文件和库函数的所在目录,选项-B 是先编译后连接。以例 7.3 为例,编译连接方法如下:

TCC － B － Iinclude － Llib ch703.c

如果 Turbo C 集成环境的编译器选项(option)菜单中的目录项设置中指定了头文件和库函数所在的目录,则输入的编译命令可简化为:

TCC － B ch703.c

当 Turbo C 编译器对“.C”程序进行编译时,如遇到内嵌的汇编语句,首先将其编译成“.asm”文件,然后使用 Tasm 编译器对其编译生成“.obj”文件,最后连接程序 Tlink 将目标文件连接生成“.exe”文件。

7.3 Turbo C 模块连接方式

混合编程的模块连接方式就是各种语言的程序分别编写,然后分别编译生成.obj 目标文件,最后通过连接程序生成.exe 可执行文件。为了保证各.obj 文件的正确连接,混合编程时必须事先对参数的传递、函数的调用及寄存器的使用作出必要的约定,以保证连接的顺利进行。

7.3.1 C 调用汇编的规则

为了保证混合编程的顺利进行,必须遵循一些约定规则。主要包括:存储模型、命名约定、声明约定、寄存器使用约定以及参数传递及返回约定等。

1. 存储模型

C 语言提供了 6 种存储模型,分别为:Tiny(微型)、Small(小型)、Compact(紧凑)、Medium(中型)、Large(大型)和 Huge(巨型)。模块连接方式要求调用的 C 程序和被调用的汇编程序必须使用相同的存储模型:C 程序的存储方式可使用 Turbo C 集成环境中菜单项选项→编译→模型来指定存储类型,汇编程序可采用伪指令.model 指定存储模型,如.model small,其中的 small 指的是小型模型。

2. 命名约定

由于 C 语言编译系统在编译 C 语言源程序时,会在变量名、过程名、函数名等标识符前加“_”(下画线);如 C 源程序中有一函数名 func1(),编译后为_func1()。但是,汇编语言的编译程序不会改变汇编语言源程序的标识符,所以,如果汇编语言源程序要调用函数 func1()时,需要将 func1()变为_func1(),否则调用将失败。同理,如果 C 语言源程序需要调用汇编语言源程序的过程、变量时,那么,该过程名或变量名在汇编语言源程序中必须加“_”(下画线)。

另外,由于汇编语言编译程序在对标识符编译时不区分大小写,而 C 语言编译系统区分大小写,所以,在混合编程时,标识符的命名最好采用小写字母。

最后,在汇编语言中,标识符的有效长度可达 31 个字符,而在 C 语言中,有效的标识符长度最大不能超过 8 个字符。因此,混合编程中汇编语言的标识符长度不能超过 8。

3. 声明约定

C 语言程序中需要对外部的过程、函数、变量进行访问前,必须在 C 语言源程序开始处用关键字 extern 进行说明,说明格式如下:

extern 返回值类型 函数名称(参数类型表);

extern 变量类型 变量名;

说明之后的函数、变量就可在 C 语言源程序中直接使用。需要注意的是函数参数在传递时要求参数个数、类型、顺序要一一对应。其中函数类型为 near 型和 far 型,如果汇编语言存储类型为 small,则函数类型为 near 型。变量类型为 C 语言所允许的任意数据类型,C 语言中数据类型与汇编语言数据类型的对应关系见表 7-1。

下面是对外部过程、变量进行说明的例子:

extern int max(int,int,int);

extern char * src;

extern int a;

表 7-1　汇编语言数据类型与 C 语言中数据类型的对应关系

C 语言	汇编语言	占用字节数
char	byte	1
int	word	2
long	double word	4
float	otcter word	8

在 C 语言中被调用的这些外部函数、变量需要汇编语言源程序中用 public 操作符来定义。public 伪操作的格式如下:

public 名字[,…]

例如 public _func1(),_func2(),同时,在 C 语言源程序中需要作如下说明:

extern func1(),func2();/ * 返回值类型和参数类型视具体情况而定 * /

4. 入口参数传递规则

汇编语言与 C 语言之间的参数传递通常采用堆栈来完成。在进行参数传递前,必须了解该语言的堆栈结构、入栈方式。C 语言的参数进栈顺序与参数在参数表中出现的顺序正好相反。因此,调用时,从被调用函数参数表中的最后一个参数开始,即从右到左由系统自动压入堆栈,当所有参数入栈后,再自动将断点地址压入堆栈。将断点地址 ip 还是 cs、ip 压入堆栈呢? 这个答案取决于所定义的汇编过程是 far 还是 near,如果是 far,则将 cs、ip 入栈;如果是 near,则将 ip 入栈。读者必须记住,汇编过程的属性是由 C 程序的存储模式决定的,如果 C 程序存储模式为小模式,则汇编过程属性为 near;如果 C 程序存储模式为大模式,则汇编过程属性为 far。所以,C 程序中调用汇编语言编写的子程序时,被调用的汇编子程序应按照如下的方式进行编写:

```
push    bp              ;保存 sp 的副本
mov     bp,sp           ;通过指针 bp 来访问主程序传入的参数
```

假设调用的函数形式为 function(int a,int b),则参数 a 在[bp+4]单元中,参数 b 在[bp+6]单元中。例如:

```
mov     ax,[bp+4]       ;把参数 a 传给寄存器 ax
mov     bx,[bp+6]       ;把参数 b 传给寄存器 bx
```

C 语言参数在压入堆栈时,有些参数先要进行数据类型转换再压栈,不同类型的参数在堆栈中所占的字节数不同,具体见表 7-2。

表 7-2 压栈参数的类型与所占用字节数的关系

参数的数据类型	所占字节数
字符型、整型、近指针、指向数组的指针	2
长整型、远指针(段地址先入栈,偏移地址后入栈)	4
双精度型、浮点型	8

5. 返回值传递规则

C 语言规定,若返回值的数据类型长度不超过 4 个字节且是不包含数组或结构等的简单数据类型时,按照如下规则返回:

(1) 返回值为单字节则放入 al;

(2) 返回值为单字则放入 ax;

(3) 返回值为双字则放入 dx:ax,其中 dx 中放高字,ax 中放低字;

(4) 如返回值超过双字,则将其放在静态存储区中,返回其指针,指针存放在 ax 中。

若返回值超过 4 个字节或包含数组等复杂数据类型时,返回值存放在存储器中,然后把存储器的地址放在寄存器 dx:ax 中。

6. 寄存器使用及保护规则

这里讨论的是主程序调用子程序以及子程序返回主程序时 CPU 内部寄存器所发生的变化。根据使用的情况,在这里把寄存器按类别进行讨论。

(1) 寄存器 ax、bx、cx、dx、es 和 fr,这些寄存器可在子程序中任意使用,无须保护。

(2) 寄存器 cs、ds、ss、sp、bp 在一般情况下在使用前需要保护。

(3) si、di 两个寄存器通常在高级语言中用来存放寄存器变量,所以在汇编语言子程序中需要将其先保护后使用,最后恢复。

通过以上规则可知,在汇编语言子程序中需要保护的寄存器有:cs、ds、ss、sp、bp、si 和 di。

7.3.2 模块连接方式编程实例

【例 7.4】 用模块连接方式实现求两数之和的函数 sum。

```
/*ch704.c*/
#include <stdio.h>
extern int func1(int,int);          /*声明 func1 是外部函数*/
```

```
main()
{
        printf("%d\n",func1(5,3));
}
;ch704a.asm
        .model small
        .code
        public  _func1          ;func1 为 public 类型,可被其他程序调用
_func1  proc                    ;子程序 func1 的类型为 near
        push    bp              ;保护 bp
        mov     bp,sp           ;利用 bp 访问堆栈参数
        mov     ax,[bp+4]       ;取出参数 1
        mov     cx,[bp+6]       ;取出参数 2
        add     ax,cx           ;对参数 1 和参数 2 求和
        pop     bp              ;恢复 bp
        ret                     ;返回主程序
_func1  endp
        end
```

bp	bp=sp
返回的偏移地址	+2
3	+4
5	+6

图 7-1　例 7.4 的堆栈区

程序说明:

(1) 在主函数 main 中调用汇编过程 func1,因此在.c 源程序中要用关键字 extern 声明 func1 是外部函数。

(2) Turbo C 编译器在编译 C 源程序时,会在变量名、函数名等符号前加下画线"_",所以在被 C 模块调用的汇编模块中,所有的标识符要加下画线"_",如汇编模块子程序_func1。

(3) 在.asm 源程序中,过程_func1 是给其他程序调用的,因此用关键字 public 声明_func1过程是公用的。

(4) 本例题是采用堆栈来进行函数值的传递,[bp+4]中存放参数 1,[bp+6]存放参数 2,详见图 7-1;出口参数是通过寄存器 ax 来返回的。

(5) 程序的运行结果为:8。

(6) 读者可以进一步改进该程序,实现从键盘输入 2 个数,然后编程求和。

通过例题 7.4,读者会发现:由于 Turbo C 编译器自动在变量和函数名前添加下画线"_",导致同一个变量或者函数有两个不同的名字,使用起来不仅不方便而且还易错。实

际上,这一问题可通过以下一条语句得以解决:.model 存储模式,C。即汇编语言程序采用 C 语言类型;如果这样设置的话,就不需要在函数和变量名前加下画线"_"。

【例 7.5】 获取 C 语言中变量的地址。

```
/* ch705.c */
#include <stdio.h>
extern int offset_addr(int);   /* 关键字 extern 说明外部函数、变量 */
main()
{
   int a = 0;
   int * pointer1 = a;
/* 调用函数 offset_addr 计算变量地址,地址十六进制显示 */
   printf("var a's address is %4x",offset_addr(pointer));
   return(0);
}
;ch705a.asm
.model small,C
public  offset_addr  ;说明过程 offset_proc 类型为 public,供其他模块调用
offset_addr  proc
             push   bp
             mov    bp,sp
             mov    bx,[bp+4]      ;获取变量的地址
             mov    ax,bx          ;地址通过寄存器 ax 返回
             pop    bp
             ret
offset_addr  endp
             end
```

程序说明:

(1) 高级语言中通常不关心变量所在存储单元的地址,而在汇编语言中,必须根据存储单元的地址访问变量,通过这个程序可以帮助读者进一步地熟悉变量和变量地址之间的区别和关系。

(2) 运行结果:var a's address is 00f0h。由于变量的地址是编译系统临时分配的,因此不同的机器,不同的时刻得到的运行结果会不同。

【例 7.6】 字符串搜索,如果找到,输出其索引值,否则,输出−1。

方法 1:嵌入式汇编。

```
/* ch7061.c */
#include <stdio.h>
/* 供 main 函数调用的实现字符串搜索的函数 scan_str() */
int scan_str(char key ,char * src)
```

```
{
        asm mov cx,0                    /* 初始化:cx、源串指针等内容 */
        asm mov di, src
        asm mov al,key
lp1:    asm cmp byte ptr[di],0    /* 计算字符串长度 */
        asm jz next
        asm inc cx
        asm inc di
        asm jmp lp1
next:   asm mov di,src             /* 搜索源串,找到退出,bx 存放索引值 */
        asm mov bx,0               /* 未找到,bx = -1 */
scan:   asm cmp al,[di]
        asm jz find
        asm inc bx
        asm inc di
        asm loop scan
        asm mov bx,0ffffh          /* -1 的补码是 0ffffh */
find:   asm mov ax,bx              /* 若找到,索引值送给 ax 作为返回参数 */
        return(_ax);               /* 此处的累加器必须用大写字母表示 */
}
main()
{
char str[] = "abcd";                   /* 定义搜索的字符串,也可从键盘获取 */
char chr = "b";                        /* 定义搜索的关键字,同样可从键盘获取 */
int index = scan_str(chr,str);         /* 调用函数 scan_str,返回值传给 index */
printf("the index is %d\n",index); /* 打印搜索的结果 */
}
```

方法 2:模块连接方式。

```
/* ch7062.c */
# include <stdio.h>
extern int scan_str(char,char *);
main()
{
        char str[] = "abcd";
        char chr = "b";
        int index = scan_str(chr,str);
        printf("the index is %d\n",index);
        return(0);
```

```
}
;ch7062a.asm
            .model small,C              ;小型存储模式,C语言调用模式
            .code
            public scan_str
scan_str    proc
            push    si                  ;有关寄存器入栈保护
            push    di
            push    bp
            mov     bp,sp               ;保存寄存器 sp 的副本
            mov     cx,0                ;字符串长度初始化为 0
            mov     di,[bp+10]          ;字符串的首地址送给 di
            mov     al,[bp+8]           ;搜索的关键字
lp1:        cmp     byte ptr[di],0      ;字符串的结束标记 null
            jz      next
            inc     cx
            inc     di
            jmp     lp1
next:       mov     di,[bp+10]
            mov     bx,0                ;索引值初始化为 0
scan:       cmp     al,[di]
            jz      find
            inc     bx
            inc     di
            loop    scan
            mov     bx,0ffffh           ;未找到,赋值 -1
find:       mov     ax,bx               ;返回参数送给 ax
            pop     bp                  ;有关寄存器出栈恢复
            pop     di
            pop     si
            ret
scan_str    endp
            end
```

程序说明:

(1) 在主程序中用关键字 extern 声明需要调用的外部函数,被调用的函数类型声明为 public。

(2) 采用 near 调用方式传递参数,从[bp+10]中取出字符串的首地址,[bp+8]中取出搜索的关键字,详见图 7-2。

（3）若字符串为空，即长度为 0，就无须搜索，读者可自行修改该程序增加此功能。

（4）程序运行的结果为 the index is 1。

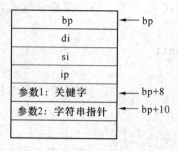

图 7-2　例 7.6 的堆栈区分配图

【例 7.7】　字符串的倒序输出。

方法 1：嵌入式汇编。

/ * ch7071.c * /

♯ include ＜stdio.h＞

/ * 函数 inv() 实现倒序排序，src 和 dest 是地址指针，src 指向源串，dest 指向排好序的目的串 * /

```
    void inv(char *dest,char *src)
    {
        asm mov si,src
        asm mov di,dest
        asm xor cx,cx
cnt:    asm mov al,[si]      / * C 定义的语句标号，必须位于 asm 的外侧 * /
        asm cmp al,0         / * C 中的字符串以 null 作为结束标记 * /
        asm jz next
        asm inc cx           / * 首先计算字符串的长度，将其存放到 cx * /
        asm inc si
        asm jmp cnt
next:   asm mov si,src
        asm add si,cx
        asm dec si           / * src＋string_length－1，即源串中最后一个字符 * /
copy:   asm mov al,[si]
        asm mov [di],al      / * 把 si 指向的字符存放到 dest 指向的缓冲区 * /
        asm dec si
        asm inc di
        asm loop copy
```

```
    }
main()
{
char str[] = "abcd";          /*定义需要转换的字符串数组*/
char chr[5];                  /*分配缓冲区,将来存放倒序的字符串*/
inv(chr,str);                 /*调用汇编语言编写的函数inv*/
printf("output by inverse:\n%s",chr); /*把排好序的字符串打印输出*/
}
```

方法2:模块连接方式。

```
/*ch7072.c*/
#include <stdio.h>
extern void inv(char *dest,char *src);
main()
{
char str[] = "abcd";
        char chr[4];
        inv(chr,str);
        printf("output by inverse:\n%s",chr);
        return(0);
}
```

```
;ch7072a.asm
        .model  small,C       ;采用小型存储模式和C语言类型
        .code
        public  inv           ;定义供C语言调用的过程inv
inv     proc                  ;在小型存储模式下,该过程的属性为near
        push    bp
        mov     bp,sp
        mov     si,[bp+6]     ;获取源串和目的串的指针
        mov     di,[bp+4]
        xor     cx,cx         ;计算字符串的长度
cnt:    mov     al,[si]
        cmp     al,0
        jz      next
        inc     cx
        inc     si
        jmp     cnt
next:   mov     si,[bp+6]
        add     si,cx
```

```
            dec     si              ;计算末尾字符的指针
copy:       mov     al,[si]         ;倒序取出字符
            mov     [di],al         ;将其保存
            dec     si              ;修改指针,指向下一字符
            inc     di
            loop    copy
            pop     bp
            ret
inv         endp
            end
```

程序的运行结果如下:

outpub by inverse:

dcba

7.3.3 编译连接的方法

1. Turbo C 命令行方式

（1）用文本编辑器编辑源文件＊.asm 和源文件＊.c。

（2）分别对.c 文件和.asm 文件进行编译生成.obj 目标文件,方法如下:

```
ml  /c   *.asm
tcc  - c  *.c
```

参数-c 表示只编译不连接。

（3）对目标文件.obj 连接生成可执行文件.exe,方法如下:

```
        tlink  lib\c0s  *.obj  *.obj, *.exe,,lib\cs
```

连接程序 tlink 中的参数分为 4 类,以例题 7.7 为例进行说明。第一类参数为连接所需要的目标文件,包括:lib\c0s 即 lib 目录下的小型存储模式的初始化模块 c0s.obj、ch7072.obj 和 ch7072a.obj,它们之间用空格隔开;第二类参数为生成的.exe 可执行文件的名称;第三类为生成的用于调试目的的.map 文件,该类为可选项,如果不需要该文件,则可省略;第四类为所需要的库文件。不同类别之间的参数用",”隔开。目标文件的扩展名可以省略。

2. Turbo C 集成环境下的编译连接方式

（1）用文本编辑器编辑源文件＊.asm 和源文件＊.c。

（2）用编译器 tasm 把 ＊.asm 文件编译成 ＊.obj 文件。

（3）进入 Turbo C 集成环境,选择菜单 Project 中的 Open project 选项新建一个工程文件 ＊.prj。

（4）选择菜单 Project 中的 Add item 选项向工程文件中添加 ＊.c 和 ＊.obj。

（5）选择菜单 Compile 中的 Primary C File 选项,输入 C 程序名。

（6）选择菜单 Options 中的 linker 选项,将 Case_sensitive link 置为 off。

（7）选择菜单 Compile 中的 Make EXE file 选项,生成 EXE 文件。

(8) 选择菜单 Run 中的选项 Run 运行该可执行文件,结果在菜单 Windows 中的选项 Output 窗口中查看。

最后,我们观察一下 Turbo C 编译程序采用小型模式对 ch7071.c 编译生成的汇编语言格式(方法如下:tcc - S ch7071.c),为了方便阅读和理解,下面这个汇编格式源程序已经删除了多余的调试信息和不重要的部分,同时,为了增强可读性,作者添加了必要的注释部分。

……;一系列辅助说明信息;根据 MS-DOS 中规定段组织的顺序如下:首先是代码段,然后是不在;DGROUP 中的段,最后是 DGROUP 中的段,DGROUP 中的段顺序为:首先是非 BSS 段和非 STACK 段,然后是 BSS 段,最后是 STACK 段。把段_DATA 和段_BSS 加入到名称为 DGROUP 的段组中

```
DGROUP   group   _DATA, _BSS
         assume cs: _TEXT, ds: DGROUP
_TEXT    segment byte public ´CODE´      ;代码段的开始
         assume cs:_TEXT
_inv     proc    near                    ;过程_inv 开始
         push    bp                      ;保存 BP 的副本
         mov     bp,sp                   ;栈顶指针送到 bp
         push    si                      ;寄存器值的保护
         push    di
         mov     si,[bp + 6]             ;取出传递的参数 1 的地址
         mov     di,[bp + 4]             ;取出传递的参数 2 的地址
         xor     cx,cx
@1@114:
         mov     al,[si]
         cmp     al,0                    ;判断是否为结束字符 null
         je      short @1@282            ;如是,则转到@1@282
         inc     cx                      ;如不是,字符串长度变量加 1
         inc     si                      ;修改指针,指向下一个字符
         jmp     short @1@114            ;转移到@1@114
@1@282:
         mov     si,[bp + 6]             ;字符串首地址送到寄存器 si
         add     si,cx                   ;si + cx
         dec     si                      ;计算关键字的索引值
@1@366:
         mov     al,[si]
         mov     [di],al
         dec     si
         inc     di
         loop    short @1@366
         pop     di                      ;寄存器值的恢复
```

```
                pop     si
                pop     bp                  ;bp 值的恢复
                ret                         ;结束汇编语言子程序
_inv            endp
_TEXT           ends
_DATA           segment word public ´DATA´
                db      97                  ;C 中定义的以 null 为结束
                db      98                  ;标记的字符串"abcd"
                db      99
                db      100
                db      0
_DATA           ends
_TEXT           segment byte public ´CODE´
                assume cs: _TEXT
_main           proc    near                ;过程说明,对应于 C 语言中的主函数 main()
                push    bp                  ;保存 BP 的副本
                mov     bp,sp               ;栈顶指针送到 bp
                sub     sp,10               ;为 str[]及 chr[]在堆栈中分配空间
                lea     ax, word ptr [bp-6]
                push    ss
                push    ax
                mov     ax,offset DGROUP:d@w + 0
                push    ds                  ;传递字符串 str 的段基地址
                push    ax                  ;传递字符串 str 的偏移地址
                mov     cx,5
                call    near ptr N_SCOPY@   ; str 初始化为"abcd"
                lea     ax,word ptr [bp-6]
                push    ax                  ;传递字符串 str 指针参数
                lea     ax,word ptr [bp-10] ;传递字符串 chr 指针参数
                push    ax
                call    near ptr _inv       ;调用汇编语言子程序 inv()
                pop     cx                  ;两条出栈指令用于平衡堆栈
                pop     cx
                lea     ax,word ptr [bp-10]
                push    ax                  ;传递字符串 chr 指针的偏移地址
                mov     ax,offset DGROUP:s@
                push    ax                  ;传递字符串 output 指针偏移地址
                call    near ptr _printf    ;调用 COL.LIB 中_prinf
                pop     cx                  ;两条出栈指令用于平衡堆栈
```

```
            pop     cx
            mov     sp,bp
            pop     bp
            ret
_main       endp                            ;过程_main 结束
_TEXT       ends                            ;代码段的结束
_DATA       segment word public ´DATA´      ;数据段的定义
;下四行定义全局公用字符串常数″output by inverse:\n％s″
            db      ´output by inverse´
            db      10
            db      ´％s´
            db      0
_DATA       ends
;程序中相关函数的属性说明
extrn       N_SCOPY@:far                    ;声明标识符 N_SCOPY@是本模块以外的模块定义
public      _main                           ;声明函数_main 全局公用
public      _inv                            ;声明函数_inv 全局公用
extrn       _printf:near                    ;声明标识符_printf 是本模块以外的模块定义
            end
```

通过阅读上述程序,读者会发现 C 编译器在调用函数名和变量名时,会自动加上下画线,如_inv 等;C语言字符型变量长度为 1 个字节,整型变量长度为 2 个字节等重要内容。因此,仔细阅读该程序可以帮助读者更好地理解 C 语言程序经过编译之后生成的汇编源程序以及汇编语言和 C 语言中参数传递的特点,从而为混合编程的学习打下一个良好的基础。

7.4　习　题

1. 与高级语言相比,汇编语言具有什么特点?

2. 什么是混合编程? 为什么采用混合编程?

3. 汇编语言与 C 语言的混合编程有几种方法? 各有什么特点?

4. C 语言中如何调用外部的过程、函数、变量?

5. 模块连接方式应遵循哪些约定?

6. 混合编程中常用的参数传递方法是什么?

7. 使用模块连接两种方法完成本题:在 C 程序中输入两个整数,然后调用汇编语言子程序对这两个数求差,并在主程序中输出结果。编程并上机调试通过。

8. 使用嵌入式汇编完成两数交换的程序。

9. 上机实现书中例题 7.5、例题 7.6、例题 7.7。

参 考 答 案

第 1 章

1. 选择题

1	2	3	4	5	6	7	8	9	10
A	C	B	D	A	D	B	C	B	B
11	12	13	14	15	16	17	18	19	20
C	D	B	D	D	B	A	A	C	C
21	22	23	24	25	26	27	28	29	30
A	A	A	A	C	C	C	A	C	C
31	32	33	34	35	36	37	38	39	40
D	B	A	C	B	C	A	C	D	C

2. 判断题

1	2	3	4	5	6	7	8	9	10
×	√	√	√	×	√	×	√	√	√
11	12								
√	×								

3. 填空题

(1) 3412h；5634h

(2) 内存储器；外存储器；内存储器

(3) CPU；存储器；I/O 设备

(4) 97；61；'a'

(5) −1；−126；−127

（6）0dh;20h;41h;38h

（7）69;＋69;45;'E'

（8）实地址方式;保护虚拟地址方式

（9）80386

（10）16MB

4. 简答题

（1）35h;53

（2）x 和 y 两个数均为无符号数时:y＞x

x 和 y 两个数均为有符号数的补码时:x＞y

（3）该数是正数所以它的原码、反码、补码是相同的为:66h

（4）1234h:0005h,　　1230h:0034h,

1200h:0345h,　　1000h:2345h

第 2 章

1. 选择题

1	2	3	4	5	6	7	8	9	10
A	B	D	B	A	B	C	B	D	C
11	12	13	14	15	16	17	18	19	20
D	D	C	A	A	D	A	C	B	B
21	22	23	24	25	26	27	28	29	30
D	A	D	C	A	D	B	B	A	D
31	32	33	34	35	36	37	38	39	40
C	B	A	D	B	D	D	B	B	A
41	42	43	44	45	46	47	48	49	50
D	C	D	C	A	C	B	D	A	A
51	52	53	54	55	56	57	58	59	60
B	A	B	A	B	D	D	C	A	D

2. 判断题

1	2	3	4	5	6	7	8	9	10
×	√	√	√	×	×	×	√	×	×
11	**12**	**13**	**14**	**15**	**16**	**17**	**18**	**19**	**20**
√	√	√	×	×	√	√	√	×	√
21	**22**	**23**	**24**	**25**	**26**	**27**	**28**	**29**	**30**
×	√	×	√	√	×	×	√	√	√
31	**32**	**33**	**34**						
×	√	√	×						

3. 填空题

(1) 后进先出

(2) 立即数;cs

(3) 操作码;地址码

(4) 指令;寄存器;存储器

(5) 立即数寻址

(6) 寄存器寻址

(7) 存储器

(8) 基址变址寻址

(9) 字符串

(10) 堆栈段寄存器

(11) 21f8h

(12) 00～ffh;256

(13) 4142h;101h

(14) 1fffh;8000h

(15) dx;ax

(16) ax;dx;ax

(17) 0dh;70h;7fh;fdh;72h;8dh

(18) bx;al

(19) 24h;0

(20) 41h;1

(21) CF=0 或 ZF=1

(22) 1234h;不变;不变;不变;

     2341h;1;0;0

     2340h;1;0;0

8d00h;1;0;0

(23) 95h;62h;f7h;1ch;0;e3h

(24) 127 字节

(25) 7e826h

(26) 有符号数

(27) jg

(28) 22636h

(29) ax;16;dx:ax

(30) dx:ax;ax;dx

(31) 换码

(32) 指针寄存器;栈顶

(33) mov　bx,offset　buf

(34) 指令指针寄存器;开始

(35) 物理;逻辑

(36) ip;fr

(37) 状态标志和控制标志;状态标志由指令的执行结果影响,控制标志由指令控制

(38) cs;ip

(39) 有符号数;无符号数

(40) 0 或零

4. 简答题

(1) lea　ax,[2000h];该指令完成的是地址传送。源操数是直接寻址,有效地址是 2000h,指令执行后 ax 的内容是源操作数的有效地址。

mov ax,[2000h];该指令完成的数据传送。源操数是直接寻址,有效地址是 2000h。指令执行后 ax 的内容等于有效地址为 2000h 单元的内容。

(2) CPU 执行的是数据传送指令 mov。汇编程序完成的是 and 运算。

(3) al＝0dh;SF＝0;CF＝0;ZF＝0;OF＝0

(4) 指令实现了累加器清零功能。可以用其他的逻辑指令实现同样的功能,如 xor ax、ax 等。

(5) sub 是减法指令,功能是用目的操作数减去源操作数;结果送目的操作数;影响标志位。cmp 是比较指令,是以减的方式比较;即目的操作数减源操作数,结果不送回目的操作数;但影响标志位。若 bl＝8,分别执行该两条指令后,都使得 SF＝0;CF＝0;ZF＝0;OF＝0。

(6) 该指令中的 dx 的内容是访问外部设备的端口地址,al 的内容是向端口发出的数据。

(7) 不正确,应改用两条指令完成,即

　　　　mov　ax,[8000h]

　　　　mov　[9000h],ax

(8) 错在标号的标识符使用了关键字,mov 是指令助记符不能做标号。

(9) 立即数寻址；寄存器间接寻址；相对寄存器寻址；寄存器寻址；相对基址变址寻址。

(10) 在移位指令中，当移位的位数大于 1 时，要用 cl 寄存器存放移位的位数。应将指令改为：mov　cl,4

　　　　ror　ax,cl

(11) 堆栈是存储器中的一段区域，它的工作原则是"后进先出"，它的基本操作是入栈和出栈，对应的指令是 push 和 pop。

(12)

① add dx,bx

② add al,[bx+si]

③ add [bx+0b2h],cx

④ add word ptr [0524h],2a59h

⑤ add　al,0b5h

(13) ① in　al,88h　　　　　① mov　ax,100h

　　　　　　　　　　　　　　　out　　42h,ax

　　②mov　dx,88h　　　　② mov　ax,100h

　　　　in　al,dx　　　　　　mov　dx,42h

　　　　　　　　　　　　　　　out　dx,ax

(14)

① mov　ax,0; xor　ax,ax; and　ax,0 ;sub ax,ax

② or　dx,0e000h

③ and　bl,0f0h

④ xor　dx,cx

⑤ shl　bx,1

rcl　ax,1

rcl　dx,1

(15) mov　al,46　　　　mov　bl,−38

　　sal　al,1　　　　sal　bl,1

(16) al=79h,bl=76h,cl=7fh

(17) 基本寻址方式有 3 种，即立即数寻址、寄存器寻址和存储器寻址。其中寄存器寻址速度相对于其他寻址速度快些。

(18) cx 是控制循环次数的，这对于避免死循环非常重要。cx 在每次执行循环指令时都有减 1 操作，并以此判断循环是否继续，如果 cx=0 则不再继续循环。

5. 分析与编程

(1) 该程序实现了 10 个连续偶数相加，即 2+4+6+8+10+12+14+16+18+20 的运算。程序运行后 sum 单元的内容为 110(10 个偶数和)。

(2) 执行程序段后,(cx)=0,ZF=1

clc

```
mov  cx,0ffffh
inc  cx
```

(3) 执行程序段后,(ax)=260ah,CF=1。

(4) 程序实现了在屏幕上显示小写的 26 个英文字符,即 abcdefghi…。

(5) ① mov [0012h],56h

      mov al,[0012h]

  ② mov cl,2

      shl al,cl

  ③ mov bl,[0013h]

      mul bl　　　　　　;或 imul bl

  ④ mov [0014h],ax

第 3 章

1. 选择题

1	2	3	4	5	6	7	8	9	10
A	A	C	D	B	C	B	D	C	D
11	12	13	14	15	16	17	18	19	20
A	C	A	A	D	A	B	C	C	D
21	22	23	24	25	26	27	28	29	30
C	C	C	D	A	B	B	D	C	B
31	32	33	34	35	36	37	38	39	40
D	A	D	D	C	A	B	D	B	A

2. 判断题

1	2	3	4	5	6	7	8	9	10
×	√	√	×	√	×	√	√	×	√
11	12	13	14						
×	×	×	√						

3. 填空题

(1) segment;ends

(2) asm;obj;exe

(3) asm;obj;lis;exe

（4）段；ends

（5）过程；endp

（6）段属性；偏移属性；类型属性

（7）段基址；段地址＊16＋偏移地址；段寄存器

（8）字节；双字或 8 个字节

4. 简答题

（1）8086 有 4 个逻辑段，分别是数据段、代码段、附加段和堆栈段。各逻辑段对应的段寄存器是数据段寄存器 ds、代码段寄存器 cs、附加段寄存器 es 和堆栈段寄存器 ss。段寄存器存放的是相应段的段基址。

（2）

（3）

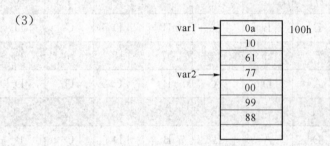

（4）inc ［si］指令中，操作数[si]是寄存器间接寻址，访问的是存储单元，该单元的类型不确定，应在指令中指出其存储单元的类型。如 inc word ptr ［si］或 inc byte ptr ［si］。

（5）指令 mov ;sub cx,1 是错误的，错在 mov 是关键字（指令助记符）不能作为语句标号。

（6）第一个 and 是在生成的可执行程序中的"与"指令，是指令助记符，执行时 ax 的内容与另一个确定的数相与；即 CPU 执行的指令。第二个 and 是在源程序汇编时进行，它把两个已赋值的变量相与，结果是一个确定的值，是汇编中的逻辑运算符，在程序汇编时进行计算。

（7）指令的源操作数中使用了 dx 寄存器是错误的，因为基址变址寻址是一个基址寄存器和一个变址寄存器的内容相加。dx 不是基址寄存器，所以错误。

（8）汇编语言程序中，段的类型有四种，分别为代码段、数据段、附加段和堆栈段。段定义的格式如下：

段名 segment［定位类型］［组合类型］［´类别名´］

···

段名　ends

（9）汇编语言的语句可分为两类，即指令语句（包括宏指令语句）和伪指令语句。指令语句汇编程序会把它翻译成机器代码，这些代码可以命令微处理器执行某种操作。伪指令语句，汇编程序并不把它们翻译成机器代码，而是指示、引导汇编程序在汇编过程中的一些操作。

（10）伪指令 x1　db　76 是在内存中开辟了一个字节单元，x1 单元存放数 76，而 x2 equ　76 是把值 76 赋给变量 x2。

（11）x1 和 x2 在内存中的存放方式不同，前者存储顺序是 78h、36h，后者存放顺序是 36h、78h。

（12）按要求程序框架如下：

```
data    segment
  org    50h
array  db  100 dup(?)
data    ends
stak    segment    stack
db  1024 dup(?)
stak    ends
cod    segment
assume  cs:cod,ds:data,ss:stak
org    100h
main  proc  far
start: push  ds
xor  ax,ax
push  ax
mov  ax,data
mov  ds,ax
mov  ax,stak
mov  ss,ax
...
main  endp
cod    ends
  end  start
```

（13）按要求写出指令如下：

① stad　db 78，-40,0d6h,49h

② Array dw　1245h,64h,1245,0c7h

③ beta　db 4 dup(8),6 dup (´S´),20 dup (20h),10 dup(1,3)

④ string db´this　is　a　example.´

⑤ total = 780

(14) 伪指令是为了方便程序设计与管理而提供给汇编程序使用的不可执行语句。

5. 分析与编程

(1) 答:有错。过程结束伪指令是：过程名 endp。题目中写成了 endp 过程名,所以错了。

(2) 200h;ret ;endp

(3) ax=5040h

(4) 程序实现了在屏幕显示输出 zyx…cba 共 26 个字母。

(5) cx=5;ax=2211h

(6) 程序实现了在屏幕显示输出 0123456789 共 10 个数字。

(7) ① sbb ax,0520h;

    ② mov ax,seg tabl;

(8) (A)=5678h,(B)=1234h,(sp)=200h

(9) ax=3412

(10) da2 各节的数据为 41h,43h,43h,45h,45h。

第 4 章

1. 选择题

1	2	3	4	5	6	7	8	9	10
B	C	D	A	B	D	D	B	D	D

11	12	13	14	15	16	17	18		
B	D	C	A	C	C	B	A		

2. 判断题

1	2	3	4	5	6	7	8	9	10
×	√	√	×	√	×	√	√	×	×

3. 填空题

(1) 循环结构

(2) 循环初值设置;循环体;循环的控制

(3) 重复操作的程序段;循环参数的修改;循环控制参数的修改

(4) D;R;A

(5) 机器语言;汇编程序

4. 编程题

(1) [参考答案]

```
dat   segment
        array   db  −1,3,9,145,−56,−34,2,9,−5,90,90 dup (88h)
        np      db  0
        nn      db  0
dat   ends
cod   segment
      assume  ds:dat,cs:cod
  start:      mov ax,dat
              mov ds,ax
              mov si,0
              mov cx,100
      next:   mov al,array[si]
              cmp al,0
              jl  nn1
              inc np
              jmp continue
        nn1:  inc nn
    continue:inc si
              loop next
              mov ah,4ch
              int 21h
cod ends
    end start
```

(2)［参考答案］

```
dat   segment
        array   db  20 dup (88h,0,2,77h)
        max     db  ?
dat   ends
cod   segment
      assume  ds:dat,cs:cod
  start:      mov ax,dat
              mov ds,ax
              mov si,0
              mov cx,80
              mov bl,0
      next:   mov al,array[si]
              cmp al,bl
              ja  max1
```

```
                    jmp continue
            max1: mov bl,al
        continue:inc si
                    loop next
                    mov max,bl
                    mov ah,4ch
                    int 21h
    cod ends
        end start
```

（3）［参考答案］

```
dat   segment
        m   dw   1234h
        n   dw   5678h
        f   dw   ?
dat   ends
cod   segment
    assume  ds:dat,cs:cod
  start:       mov ax,dat
                mov ds,ax
                mov ax,m
                mov bx,n
                shl ax,1
                sub ax,bx
                mov f,ax
                mov ah,4ch
                int 21h
cod cnds
    end start
```

（4）［参考答案］

```
dat   segment
    data1   db 30h,31h,32h,33h,34h,35h,36h,37h,38h,39h,41h,42h,43h,44h,
45h,46h
    data2   db   1,9,0ah,5,0bh,8,0fh,0ch
    data3   db   100 dup（?）
dat   ends
cod   segment
    assume  ds:dat,cs:cod
  start:     mov ax,dat
```

```
                    mov ds,ax
                    lea bx,data1
                    mov cx,data3-data2
                    mov si,0
            next：   mov al,data2[si]
                    xlat
                    mov data3[si],al
                    inc si
                    loop next
                    mov ah,4ch
                    int 21h
    cod ends
        end start
```

(5)［参考答案］

```
    dat   segment
            string   db  ´The date is FEB&03´
            str_end  db ?
    dat   ends
    cod   segment
        assume  ds:dat,cs:cod
      start：        mov ax,dat
                    mov ds,ax
                    mov es,ax
                    cld
                    lea di,string
                    mov al,´&´
                    mov cx,str_end-string
                    repne scasb
                    jz  find
                    jmp exit
            find：  dec di
                    mov byte ptr[di],20h
            exit：  mov ah,4ch
                    int 21h
    cod ends
        end start
```

(6)［参考答案］

```
            mov  si, offset data1 ; 将数据起始地址送 si
```

```
                mov   cx, 5fh           ;有 60h-1 次循环
                mov   al, [si]          ;将第一个元素放 al 中
    compare:    inc   si
                cmp   al, [si]
                jl    xchmax
                jmp   next
    xchmax:     mov   al, [si]
    next:       loop compare
```

（7）[参考答案]

```
                mov   cx, seg table
                mov   ds, cx           ;将段地址送 ds
                mov   si, offset table ;表偏移量送 si
                mov   cx, 160          ;字节数
                xor   al, al
    next:       cmp   al, [si]
                jne   exit1
                inc   si
                loop  next
    exit1:      mov   [si], al
                inc   si
                mov   [si], al
```

（8）该程序完成了比较两个字符串是否完全相同,若相同则显示"match",若不相同则显示"no match"。

（9）[参考答案]

```
cod   segment
    assume  cs:cod
  start:        mov cx,100
                mov ax,0
                mov bx,1
        next:   add ax,bx
                inc bx
                loop next
mov ah,4ch
                int 21h
cod ends
        end start
```

第 5 章

1. 选择题

1	2	3	4	5	6	7	8	9
D	A	A	B	C	A	D	C	B

2. 判断题

1	2	3	4	5	6	7	8
√	×	√	×	√	√	×	×

3. 填空题

(1) 不在一个代码段

(2) 过程；proc；endp；near；far

(3) 主程序；调用子程序；返回主程序

(4) CPU 寄存器；保护现场；恢复现场

(5) near；far

(6) 参数传递；用寄存器传递；用堆栈传递；用存储器传递

(7) 一般调用；嵌套调用

(8) 段内；段间；直接；间接

4. 编程题

(1) [参考答案]

pop dx

pop cx

pop bx

pop ax

(2) 因为只有保存了有关寄存器的值，才能在处理子程序执行完后，返回到调用程序而不破坏调用程序的有关数据。

(3) 该子程序的功能是判断 al 和 bl 寄存器中数据的最高位是否相同，如果相同就返回调用程序；如果最高位不同就将 al 寄存器的内容和 bl 的内容交换。如果执行该程序前 al=9ah，bl=77h，那么执行该程序后 al=77h，bl=9ah。

第 6 章

1. 选择题

1	2	3	4	5	6	7	8	9	10
B	C	B	B	D	C	A	B	D	B

11	12								
A	D								

2. 填空题

（1）无条件传送；条件传送（查询传送）；中断方式传送

（2）数据端口；状态端口；命令端口（控制端口）

（3）输入和输出；输出；输入

（4）直接寻址；间接寻址

（5）dx

（6）统一编址（存储器映像）；独立编址

（7）64kbit/s

（8）固定译码；可选式译码

（9）FR（标志寄存器）；cs；IP；IP；cs；FR（标志寄存器）

（10）84h；85h；86h；87h；4433h；2211h；46541h

（11）DOS调用；BIOS调用

3. 简答题

（1）CPU执行程序时，由于发生了某种随机的外部事件或内部预先安排好的某条指令，引起CPU暂时中断正在运行的程序，转去执行一段特殊的服务程序（称为中断服务程序或中断处理程序），以处理该事件，该事件处理完后又返回被中断的程序继续执行，这一过程称为中断。中断的过程包括：中断请求、中断判优、中断响应、中断处理和中断返回五个步骤。

（2）能够引起CPU中断的事件称为中断源。IBM PC系列机包括硬件（外部）中断和软件（内部）中断。

（3）硬件中断具有随机性，软件中断则不具备随机性；一般来说，软件中断的优先级高于硬件中断，但单步中断除外；硬件中断和软件中断的中断响应有些不同，硬件中断中的可屏蔽中断类型的中断类型码需要硬件提供，而其他则已知。

（4）相同之处，执行它们都会发生转移，完成之后都需要返回；不同之处，中断服务程序尤其是硬件中断服务程序具有随机性，而一般的子程序则没有随机性；最后，中断服务子程序必须为远过程，而子程序可以为远过程和近过程。

（5）中断服务程序的入口地址叫做中断向量。把所有中断服务程序的入口地址按照中断向量号的顺序存放在一张表中，这个表就称为中断向量表。

（6）简单说来，CPU必须在指令周期的最后一个时钟周期检测到引脚INTR为高电平，而且中断允许标志位IF必须为1，也就是俗称的开中断。

（7）由于中断向量存放在中断向量表中，其在向量表的位置是由中断类型码决定的。假设中断类型码为n，则中断向量所在的四个内存单元地址为：4n、4n＋1、4n＋2和4n＋3，前两个单元存放偏移地址，后两个单元存放段基地址。

4. 编程题

```
（1）mov    dh,3
    mov    dl,50
    mov    ah,2
    int    10h
```

```
(2) mov    al,0
    mov    bh,71h
    mov    ah,6
    mov    cx,0
    mov    dx,184fh
    int    10h
```

(3)和(4)略。

(5) 参考程序如下：

```
stack   segment stack
        db 100 dup(?)
stack   ends
code    segment
        assume   cs:code,ss:stack
start:  mov    ax,stack
        mov    ds,ax
        mov    ah,6              ;清屏并设置上卷功能
        mov    al,0
        mov    cx,0
        mov    dx,184fh
        mov    bh,07             ;显示属性,黑底白字
        int    10h
n1:     mov    ah,2              ;设置光标位置
        mov    dh,16
        mov    dl,30
        mov    bh,0
        int    10h
        mov    cx,20             ;每行输入 20 个字符
nt_cr:  mov    ah,1              ;键盘输入字符,每行 20 个字符
        int    21h
        cmp    al,1bh            ;判断输入的是否为 Esc 键
        jz     done
        loop   nt_cr
        mov    ah,6              ;设置屏幕上卷功能
        mov    al,1              ;每次上卷 1 行
        mov    ch,8
        mov    cl,30
        mov    dh,16
        mov    dl,49
```

```
        mov     bh,70h                  ;显示属性为白底黑字
        int     10h
        jmp     n1
        mov     ah,4ch
        int     21h
code    ends
        end   start
```

(6) 参考程序如下：

```
data    segment
        string1    db "File Edit View Insert Options Windows Help"
        str1_len    equ $-string1
data    ends
code    segment
        assume   cs:code ,ds:data,es:data
start：  mov     ax,data
        mov     es,ax
        mov     ds,ax
        mov     es,ax
        mov     ah,0                    ;设置 3 号显示模式,即 25 行×80 列
        mov     al,3
        int     10h
        mov     ah,6                    ;清屏
        mov     al,0
        mov     cx,0
        mov     dx,184Fh
        mov     bh,7
        int     10h
        mov     ah,6                    ;建立 10 行×50 列的小窗口
        mov     al,0
        mov     ch,7
        mov     cl,16
        mov     dh,16
        mov     dl,65
        mov     bh,70h                  ;小窗口白底黑字显示
        int     10h
        mov     ah,13h
        lea     bp,string1              ;在窗口最上面一行显示字符串
        mov     cx,str1_len
        mov     dh,7
```

```
        mov     dl,16
        mov     bh,0
        mov     al,1
        mov     bl,3ch          ;属性为青底淡红色
        int     10h
        mov     ah,4ch
        int     21h
code    ends
end     start
```

第 7 章

1. 汇编语言具有执行速度快、占用内存小、可直接访问硬件等特点。

2. 所谓混合编程，就是采用两种或两种以上的编程语言组合编程，彼此相互调用，进行参数传递，共享数据结构及数据信息的编程方法。通过混合编程，可以充分发挥各种语言的优势，进而达到缩短系统开发周期，降低系统开发难度，提高系统运行速度等目的。

3. 嵌入式汇编和模块连接。特点略。

4. 在 C 程序的开始处用关键字 extern 声明需要调用的外部过程、函数和变量。

5. 见教材 7.3 节。

6. 入口参数通过堆栈传递，返回参数根据参数类型通过指定的寄存器传递。

7. 模块连接：

```
/*xiti707.c*/
#include <stdio.h>
extern int sub1(int,int);
main()
{       int a,b,c;
        scanf("%d%d",&a,&b);
        c=sub1(a,b);
        printf("%d\n",c);
        return(0);
}
;xiti707a.asm
        .model small,C
        .code
public sub1
sub1    proc
        push    bp
        mov     bp,sp
```

```
        mov     ax,[bp + 4]
        mov     cx,[bp + 6]
        sub     ax,cx
        pop     bp
        ret
sub1    endp
        end
```

8. / * xiti708.c * /

```
# include <stdio.h>
swap(int * first,int * second)
{
        asm mov si,first
        asm mov di,second
        asm mov al,[si]
        asm mov cl,[di]
        asm mov [di],al
        asm mov [si],cl
}
main()
{       int a,b;
        scanf("% d % d",&a,&b);
        swap(&a,&b);
        printf("after swap a and b is % d % d\n",a,b);
        return(0);
}
```

9. 略

参 考 文 献

[1] 杨显文,新编汇编语言程序设计.北京:清华大学出版社,2010.

[2] 刘红玲,赵梅.微机原理与接口技术实用教程.北京:电子工业出版社,2008.

[3] 钱晓捷.新版汇编语言程序设计.北京:电子工业出版社,2006.

[4] 何小海,严华.微机原理与接口技术.北京:科学出版社,2006.

[5] 沈美明,温冬婵.IBM-PC 汇编语言程序设计,北京:清华大学出版社,1991.

[6] 马力妮.80X86 汇编语言程序设计.2 版.北京:机械工业出版社,2009.

[7] 郑初华.汇编语言、微机原理及接口技术.2 版.北京:电子工业出版社,2006.

[8] Kip R. Irvine. Intel 汇编语言程序设计.温玉杰,等,译.4 版.北京:电子工业出版社,2004.

[9] 裘雪红,李伯成,刘凯.微型计算机原理及接口技术.西安:西安电子科技大学出版社,2007.